区域海洋环境多时空变化丛书

丛书主编：张永垂

印尼贯穿流

时空变化特征及其对气候模态的响应

Spatial-temporal variation of the Indonesian Throughflow and its response to the climate modes

张永垂　李奥杰　著

图书在版编目(CIP)数据

印尼贯穿流时空变化特征及其对气候模态的响应 / 张永垂，李奥杰著. -- 北京 ：海洋出版社，2024. 6.
(区域海洋环境多时空变化丛书 / 张永垂主编).
ISBN 978-7-5210-1311-5

Ⅰ. P731. 26；P467
中国国家版本馆 CIP 数据核字第 2024WV1013 号

审图号：GS 京(2024)2144 号

印尼贯穿流时空变化特征及其对气候模态的响应

Yinni Guanchuanliu Shikong Bianhua Tezheng jiqi
Dui Qihou Motai de Xiangying

责任编辑：苏　勤
责任印制：安　森

海洋出版社 出版发行
http://www. oceanpress. com. cn
北京市海淀区大慧寺路 8 号　邮编：100081
侨友印刷（河北）有限公司印制　新华书店经销
2024 年 6 月第 1 版　2024 年 6 月北京第 1 次印刷
开本：787 mm×1 092 mm　1/16　印张：8
字数：198 千字　定价：298. 00 元
发行部：010-62100090　总编室：010-62100034

序

印尼贯穿流（ITF）源自西太平洋，穿过印尼海域诸多海峡，蜿蜒流入印度洋。ITF作为唯一在低纬度洋盆间的流动，将太平洋水体输运到印度洋，使得热盐和质量在两大洋之间重新分配。厘清ITF时空变化及其机制对于掌握局地海洋环境变化规律，认识其在全球气候变化中的作用具有重要意义。

本书共六章内容：第一章引言，介绍了ITF研究意义，及多套高分辨率再分析数据与观测数据的验证。第二章印尼海域海盆尺度流场时空变化特征，综合利用多套高分辨率再分析数据，揭示了印尼海域流场表层、次表层、中层和深层流场的多时空变化特征。第三章印尼贯穿流时空变化特征，结合潜标观测数据，分析了不同海峡ITF流量的正压和斜压分布特征。第四章和第五章分别为气候模态对印尼贯穿流正压流场年际变化的影响和气候模态对印尼贯穿流斜压流场年际变化的影响，利用随机森林模型，分别量化了气候模态在不同时期对正压和斜压ITF流场的作用。第六章，印尼贯穿流对同时发生气候事件的不对称响应，利用集成相似环流构建方法，解耦并量化了气候模态同时发生时对ITF输送的相对贡献。本书对了解ITF多时空变化特征，及其受气候模态定量调制提供了较为丰富的理解和认识。

在本书写作过程中得到了国防科技大学气象海洋学院洪梅副教授和汪洋讲师，自然资源部第一海洋研究所徐腾飞副研究员，中国科学院海洋研究所王晶副研究员，中山大学李明婷副教授和姚凤朝副教授的关心和指导，一并致以诚挚的谢意。由于著者能力有限，错误在所难免，恳请各位读者予以指出。

张永垂

2024年6月30日

目 录

第1章　引　言

1.1　研究意义

印度尼西亚海域(简称印尼海域)是典型的海洋大陆带，它拥有多个海峡并且与相邻的大洋进行着活跃的水体交换和热盐交换。贯穿印尼海域中东部各个海峡，衔接西太平洋-东印度洋的海流，被称为印尼西亚贯穿流(简称印尼贯穿流)[1-3]。印尼贯穿流(The Indonesian Throughflow，ITF)是沟通连接太平洋和印度洋两个大洋的一支流速强劲、流向稳定的海流，其源于西太平洋，纵贯印尼海域和南海，穿过诸多海峡通道(卡里马塔海峡、望加锡海峡、马鲁古海峡、哈马黑拉海峡、巽他海峡、龙目海峡、翁拜海峡、帝汶通道等)，蜿蜒流入印度洋[3-5](图1-1)。

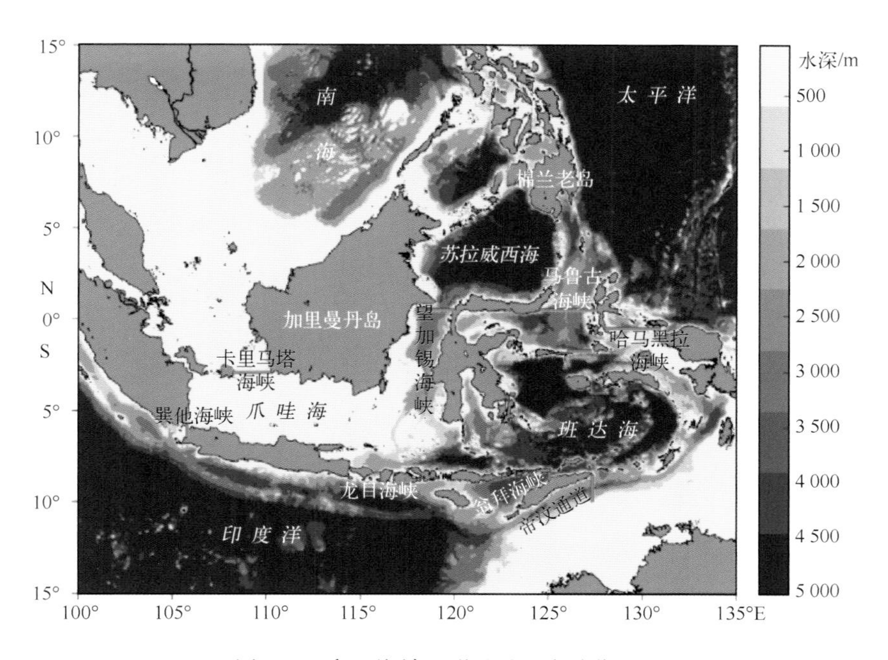

图1-1　印尼海域地形及重要海峡位置

ITF 流速强劲，并携带大量的太平洋高温低盐水，年平均流量和热输运分别可以达到 15 Sv($1\ Sv=10^6\ m^3/s$) 和 0.24~1.15 PW ($1\ PW=10^{15}\ W$)[5, 6]。因此，ITF 对流经海域的速度和温盐剖面结构具有重要影响，并且为全球热盐环流的气候信号异常的传输提供了一个重要的低纬度海洋通道[7, 8]。同时，ITF 所发生的印尼海域是连接太平洋和印度洋低纬度地区的重要通道，在全球气候系统中也占有重要地位[1, 4, 5]。在不同时间尺度上，ITF 通过影响海气交换和降水来调节局地大气系统，进而对全球气候产生深远影响[9, 10]。ITF 是太平洋-印度洋进行物质、能量和动量交换的主要方式，它将热带太平洋水体输运到印度洋，使得水体和热盐在两大洋之间重新分配[11, 12]。同时，作为全球海洋系统中唯一一支发生在低纬度洋盆间的流动，ITF 对热带气候系统的维持至关重要，对厄尔尼诺-南方涛动(El Niño-Southern Oscillation，ENSO)和亚洲季风亦有影响[13, 14]。因此，研究 ITF 具有重要的海洋学和气候学意义。

ITF 具有显著的多时间尺度变化特征。尤其在年际时间尺度上，受到太平洋和印度洋气候模态的调制作用，如 ENSO 和印度洋偶极子(Indian Ocean Dipole，IOD)[14, 15]。对于 ENSO 事件，在 La Niña(El Niño)事件期间，由于太平洋信风减弱(加强)引起 Walker 环流强度变化，导致西太平洋海平面下降(上升)，进而导致 ITF 增强(减弱)[16, 17]。对于 IOD 事件，在负(正)IOD 事件期间，热带东印度洋东部海表面高度下降(上升)，有利于该海域的正(负)海平面异常，从而抑制(增强)ITF[18, 19]。但由于 ENSO 和 IOD 事件经常同时发生，传统的线性回归和相关等方法很难实现两者对 ITF 单独影响的分离[13, 15, 20]。因此，厘清 ENSO、IOD 气候因子对 ITF 年际变化的相对贡献对于进一步认识其变化规律和特点，揭示印尼海域海洋环境变化特征具有重要意义。

此外，ITF 海域货通量巨大，是我国经济要道。同时，ITF 是我国突破第一岛链的重要窗口，它的时空分布对于我前出太平洋具有十分重要的作用。此外，作为我国突破第一岛链进入印度洋的重要海洋通道，ITF 发生于印尼海域内重要的温盐流场信息是值得细致深入研究的，进而可以对此处的声场研究和应用奠定基础，对于船舶、舰艇以及潜航器等航行具有重大意义。

1.2　再分析数据集验证

ITF 主要的入流通道为望加锡海峡，占流入水体体积的 59%~77%[9, 10]，是 ITF

从苏拉威西海进入印尼海域的中部路径[10, 21]。国际努沙登加拉层结和输运(International Nusantara Stratification and Transport, INSTANT)计划与监测 ITF(Monitoring the ITF, MITF)计划分别在 2004 年 1 月至 2006 年 11 月和 2006 年 11 月至 2017 年 8 月观测了 Labani 海峡 40~760 m 的流场[22, 23]。

INSTANT 数据时间范围为 2004 年 1 月至 2006 年 11 月。2004 年 1 月在望加锡海峡的 Labani 海峡上部署了两个系泊站点：2°51.9′S，118°27.3′E 和 2°51.5′S，118°37.7′E[1, 23]，以观测 ITF 主要入流。2005 年 7 月和 2006 年 11 月，分别进行了观测设备的回收和重新布放。系泊每 30 分钟记录一次三维速度分量。

作为 MITF 计划的一部分，2006 年 11 月 22 日，在 2°51.9′S，118°27.3′E 位置部署了一个系泊。MITF 计划每两年重新部署一次。由于设备运输问题，2011 年 8 月至 2013 年 8 月的数据缺失[9]。在系泊位置，向上和向下的声学多普勒海流剖面仪(Acoustic Doppler Current Profiler, ADCP)分别放置在 463 m 和 487 m 处。在整个观测期间，ADCP 位置略有变化，但大致保持不变。2015 年 8 月，ADCP 和两个可以快速测量温度梯度谱的小型自主仪器(χ-pods)放置在同一位置以观测温度微观结构[9]。本研究使用了 2006 年 11 月至 2011 年 8 月和 2013 年 8 月至 2017 年 8 月的 MITF 数据。

ITF 主要的出流通道为帝汶通道和翁拜海峡，占流出水体体积的 80%[21, 24, 25]。数值模拟研究结果表明，帝汶通道和翁拜海峡的流出水体分别有 45%和 75%来自望加锡海峡(连接 ITF 的中部路径)，而分别有 41%和 19%来自 ITF 的中部路径[2, 26]。澳大利亚建立的综合海洋观测系统(Integrated Marine Observing System, IMOS)对 ITF 出流海域进行了观测。

IMOS 提供温度、盐度、溶解氧、叶绿素估算值、浊度、下潜光合光子通量和流速等参数以及深度和压力数据。观测设备包括温度仪、温深盐仪、水质监测仪、ADCP 和单点流速仪等。对于翁拜海峡，使用了 125.08°E，8.52°S 位置处的单点系泊数据，时间范围为 2011 年 6 月 19 日至 2015 年 10 月 21 日。对于帝汶通道，主要使用帝汶北坡系泊数据，时间范围为 2011 年 6 月 14 日至 2014 年 4 月 15 日。两个系泊数据的时间分辨率均为逐小时，垂直深度为 520 m。

受锚系观测数据空间分布稀疏、时间范围短等客观因素制约，无法揭示 ITF 的海峡流场精细化特征。随着数值模拟和同化技术的提升，拥有高空间分辨率的再分析数据越来越多地应用于 ITF 流场的研究[2, 13, 14, 27-29]。但由于印尼海域地形特殊，流场特征复杂，不同再分析数据产品对 ITF 的模拟结果存在一定的差异，如不同的再分析数据与实测的 ITF 整层流量变化相关系数存在差异[13, 14, 28, 30]。鉴于此，迫切需要对各种再分析数据在刻画 ITF 能力方面做出定量评估，为印尼海相关研究提供可靠的再分析数据支撑。

因此，利用目前所能获取的 ITF 重要海峡通道的系泊数据对多套再分析数据集进行验证，主要聚焦于关键的入流(望加锡海峡)和出流海峡(帝汶通道和翁拜海峡)。受系泊观测深度限制，分别对望加锡海峡 760 m，翁拜海峡和帝汶通道 520 m 以浅流场进行验证。

下面主要对四套再分析数据集进行评估，分别为哥白尼海洋环境监测服务(Copernicus Marine Service，CMEMS)、混合坐标海洋模型(HYbrid Coordinate Ocean Model，HYCOM)、简单海洋数据同化(Simple Ocean Data Assimilation，SODA 3.4.2)和涡解高精度海洋模式(OGCM For Earth Simulator，OFES)。

CMEMS 使用版本 GLOBAL_MULTIYEAR_PHY_001_030 的月平均全球再分析数据。该再分析数据在深海、海岸和大陆架的地形配置分别为 ETOPO1 和 GEBCO8，采用的大气强迫为欧洲中期天气预报中心再分析数据集(ECMWF Reanalysis v5，ERA5)。空间分辨率为 1/12°×1/12°(赤道约为 8 km×8 km)，垂直分辨率为 50 层。其同化资料主要包括沿轨高度计数据、卫星海面温度、海冰覆盖率及系泊观测温度和盐度垂直剖面数据。本研究采用 CMEMS 再分析数据的 1993—2019 年逐月数据。

HYCOM 在 1993—2012 年、2013—2017 年和 2018—2019 年期间分别采用了 GLBu0.08/expt_19.0、GLBu0.08/expt_90.9 和 GLBv0.08/expt_93.0 版本。该再分析数据采用美国海军研究实验室(NRL)提供的实测地形测量数据，大气强迫场为美国环境预测中心(National Centers for Environmental Prediction，NCEP)、气候预报系统再分析(Climate Forecast System Reanalysis，CFSR)和第二版气候预报系统(Climate Forecast System version 2，CFSv2)的逐小时数据。水平分辨率为 0.08°×0.08°，垂直分层为 40 层。其同化资料主要包括卫星高度计、卫星和原位海面温度及抛弃式温深剖面仪(eXpendable BathyThermograph，XBT)、地转海洋学实时观测阵(Array for Real-time Geostrophic Oceanography，Argo)浮标和系泊浮标温度和盐度垂直剖面数据。本研究采用 HYCOM 再分析数据的 1993—2019 年逐日数据。

SODA 是由马里兰大学和得克萨斯 A&M 大学联合开发的覆盖全球海洋(除了一些极地海域)的再分析数据集。主要使用了 SODA 3.4.2 版本，采用 0.5°×0.5°×50 层(赤道水平间距 28 km，极地位置小于 10 km)的模块化海洋模型(MOM5)。采用的数据时间范围为 1993—2019 年。

OFES 采用了南安普敦海洋中心 OCCAM 计划 1/30°的地形测量数据，是 NCEP 和美国国家大气研究中心(National Center for Atmospheric Research，NCAR)提供的风强迫场下的全球再分析数据。其水平分辨率为 0.1°×0.1°，垂向分层为 54 层，时间范围超过 50 年。本研究采用 OFES 再分析数据的 1993—2017 年逐月数据。

1.2.1 流入

利用望加锡海峡系泊观测的 INSTANT 和 MITF 项目验证了四个再分析数据集的性能。根据 INSTANT 和 MITF 的两个项目所存在的时期，将比较结果分为两个阶段，分别为 2004 年 1 月至 2006 年 11 月下旬和 2006 年 11 月至 2017 年 8 月。在计算望加锡海峡流量时，选择与系泊位置在同一纬度的近似位置进行验证，即 117°—119°E，2.5°S(图 1-2)。

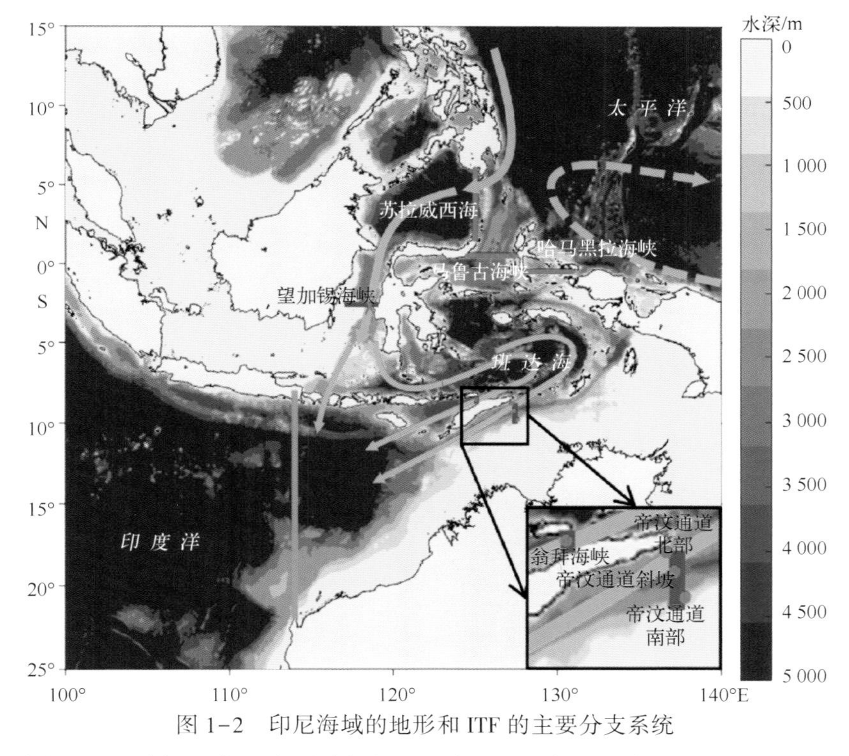

图 1-2 印尼海域的地形和 ITF 的主要分支系统

橙色带箭头的线表示 ITF 的分支。红色的×表示望加锡海峡的系泊站。右下角小窗口放大视图中出现的四个红点分别是翁拜(Ombai)海峡和帝汶(Timor)通道的系泊位置，从北到南依次为翁拜海峡(OMB)、帝汶通道北部(TNorth)、帝汶通道斜坡(TNSlope)和帝汶通道南部(TSouth)，其中第一个为翁拜海峡的系泊位置，其余三个为帝汶通道的系泊位置。紫色线为对应海峡数据验证的拦截位置。橙色的虚线箭头代表太平洋洋流。红色实线和绿色实线分别表示流入和流出的截面。

对比结果如图 1-3a 和 b 所示在上层，系泊数据流量异常的年际变化显著，平均流量为-7.94 Sv(负平均值向南输运)。从 2004 年到 2008 年末，流量增强，增强幅度为 1.53 Sv。从 2009 年到 2011 年年中，流量略有减弱，减弱幅度为 0.32 Sv。从 2013 年年中到 2016 年年中，输送经历了快速减弱。随后，ITF 迅速加强。在下层，平均向南输送为-3.10 Sv。上下层在 2004—2011 年和 2013—2017 年的趋势相反：上(下)层前一段有加强(减弱)趋势，后一段有减

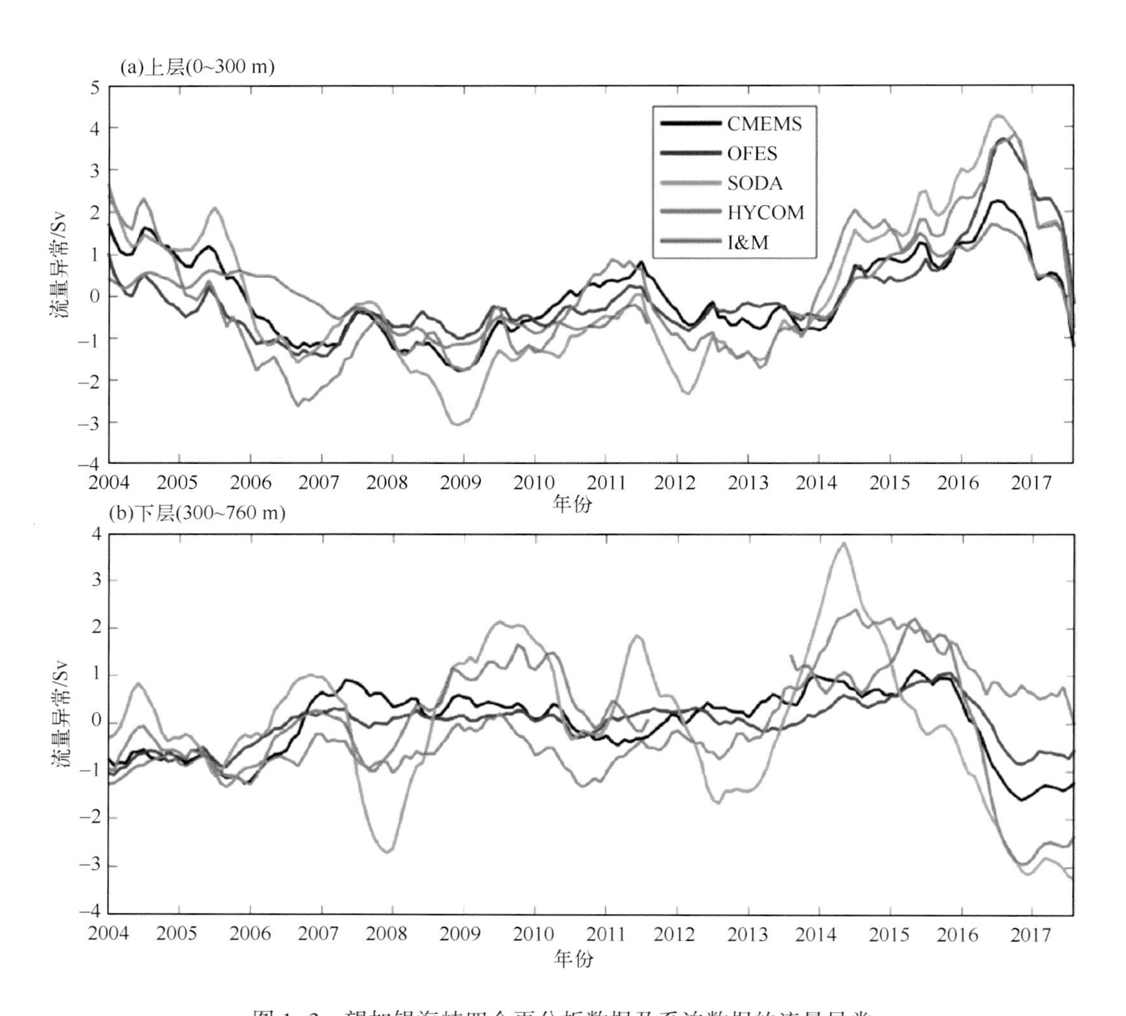

图 1-3 望加锡海峡四个再分析数据及系泊数据的流量异常

(a)上层的流量。红线为 13 个月滑动平均后 INSTANT 和 MITF 的系泊观测。黑色、蓝色、绿色和粉红色的实线分别是 CMEMS、OFES、SODA 和 HYCOM 再分析数据。由于 2004—2017 年系泊数据不连续，分别计算与 13 个月移动平均后的前半段和后半段系泊数据的相关系数。(b)与(a)相同，但为下层。负值表示向南流量异常，表示 ITF 流量增强。

弱(加强)趋势。通过计算上下层的相关性，发现其相关性为负且不显著(相关系数为-0.30)。此外，在年代际变率方面，望加锡海峡上层流量变化与PDO和NPO指数的相关性显著相反(图1-4)。2004—2011年和2013—2017年，PDO指数与上层流量的相关系数分别为0.78和0.75；而NPO指数与上层流量变化的相关系数分别为-0.44和-0.35。相关系数均通过95%显著性检验。然而，PDO指数对ITF体积输送的贡献在上层入流是有限的，并且其在年代际尺度上影响较大，因此后续将不再进一步考虑这一点。

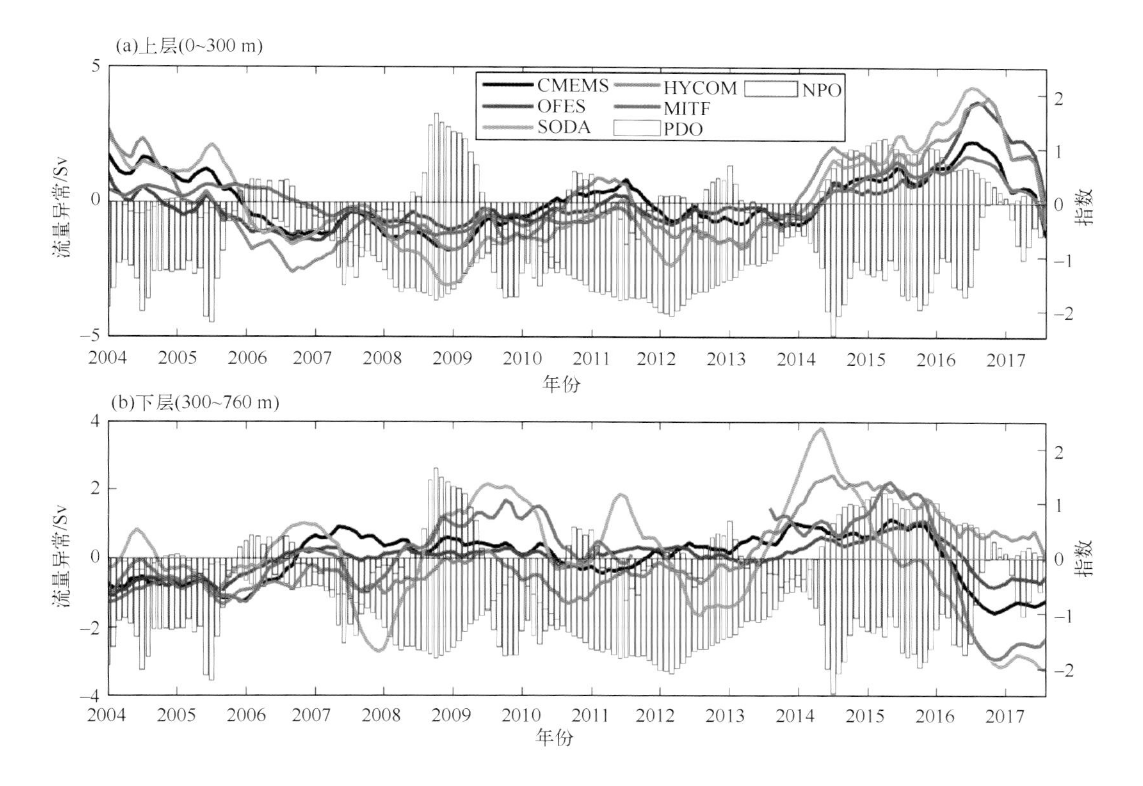

图1-4 四个再分析资料与望加锡系泊观测的流量异常及同期PDO、NPO指数的变化

(a)上层流量。红线为13个月移动平均线后的INSTANT和MITF系泊观测值。黑色、蓝色、绿色和粉红色的线分别是CMEMS、OFES、SODA和HYCOM。红色和蓝色边框条分别代表PDO和NPO。由于2004—2017年系泊数据不连续，分别计算13个月移动平均后的上、下半期系泊相关系数。(b)与(a)相同，但为下层。负值表示向南流量异常。

与观测值相比，在上层，SODA和CMEMS在第一段和第二段的相关系数分别为$R1=0.8$和$R2=0.96$，RMSE为1.12 Sv。该层OFES数据表现较差，前半段

相关系数 $R1 = 0.25$，后半段相关系数 $R2 = 0.7$，RMSE 为 0.82 Sv。从 2005 年 7 月到 2006 年 11 月，再分析数据的下降幅度大于系泊数据，这可能是由于望加锡海峡系泊的单点数据不能准确反映整个海峡通道的整体变化。在下层，OFES 和 CMEMS 与前半段系泊数据的相关系数分别为 $R1 = 0.73$ 和 $R2 = 0.98$，RMSE 为 0.89 Sv。HYCOM 数据在该层的性能较差，相关系数 $R1 = 0.49$，$R2 = 0.77$，RMSE 为 1.35 Sv。注意，所有相关系数都通过了 95%显著性检验。可以发现，在上下两层，第二段再分析数据与系泊观测数据的相关性要好于第一段，这可能是由于再分析数据集的依赖性和系泊观测数据的局限性。

图 1-5 给出了潜标观测两段时间内详细的对比和差异情况。从系泊数据来看[图 1-5(a)]，在 40~300 m，较强的南向流主要分布在 2004—2011 年和 2013—2016 年的 2—10 月以及 2017 年的 3—8 月，200 m 以浅的南向流速大于 0.8 m/s。其中，在 2008 年的 6 月和 2009 年的 6—7 月 150 m 以浅的南向流速大于 1.1 m/s。在 300~760 m，较弱的南向流分布在每年的 3—5 月和 8—11 月。CMEMS 再分析数据在 40~300 m 与系泊数据较为接近，其中在近表层南向流速较强，而 100~300 m 南向流速普遍较弱；而在 300~760 m 北向流速略弱于系泊数据，300 m 以深显示出南向和北向流速均弱于系泊数据[图 1-5(b)和(e)]。HYCOM 再分析数据在 40~300 m 与系泊数据相对接近，但存在南向流速在近表层较强、在 100~300 m 较弱；在 300~760 m 南向流动较强、北向流动较弱，在 300 m 以深北向流速普遍弱于系泊数据的偏差[图 1-5(c)和(f)]。OFES 再分析数据在 40~300 m 南向流速普遍较弱，流速差值达到 0.5 m/s 以上；300~760 m 北向流速较强[图 1-5(d)和(g)]。对比三套再分析数据的比较结果(表 1-1)，CMEMS 和 HYCOM 再分析数据表现相当，OFES 再分析数据表现较差。其中 CMEMS 再分析数据分别在 40~760 m、40~300 m 以及 300~760 m 与系泊数据的相关系数为 0.70、0.87 和 0.72。HYCOM 再分析数据分别在 40~760 m、40~300 m 以及 300~760 m 与系泊数据的 RMSE 分别为 0.07 m/s、0.09 m/s 和0.10 m/s。OFES 再分析数据在 440~760 m、40~300 m 以及 300~760 m 虽与系泊数据相关性较好，但其 RMSE 较大，均在 0.19 m/s 以上。

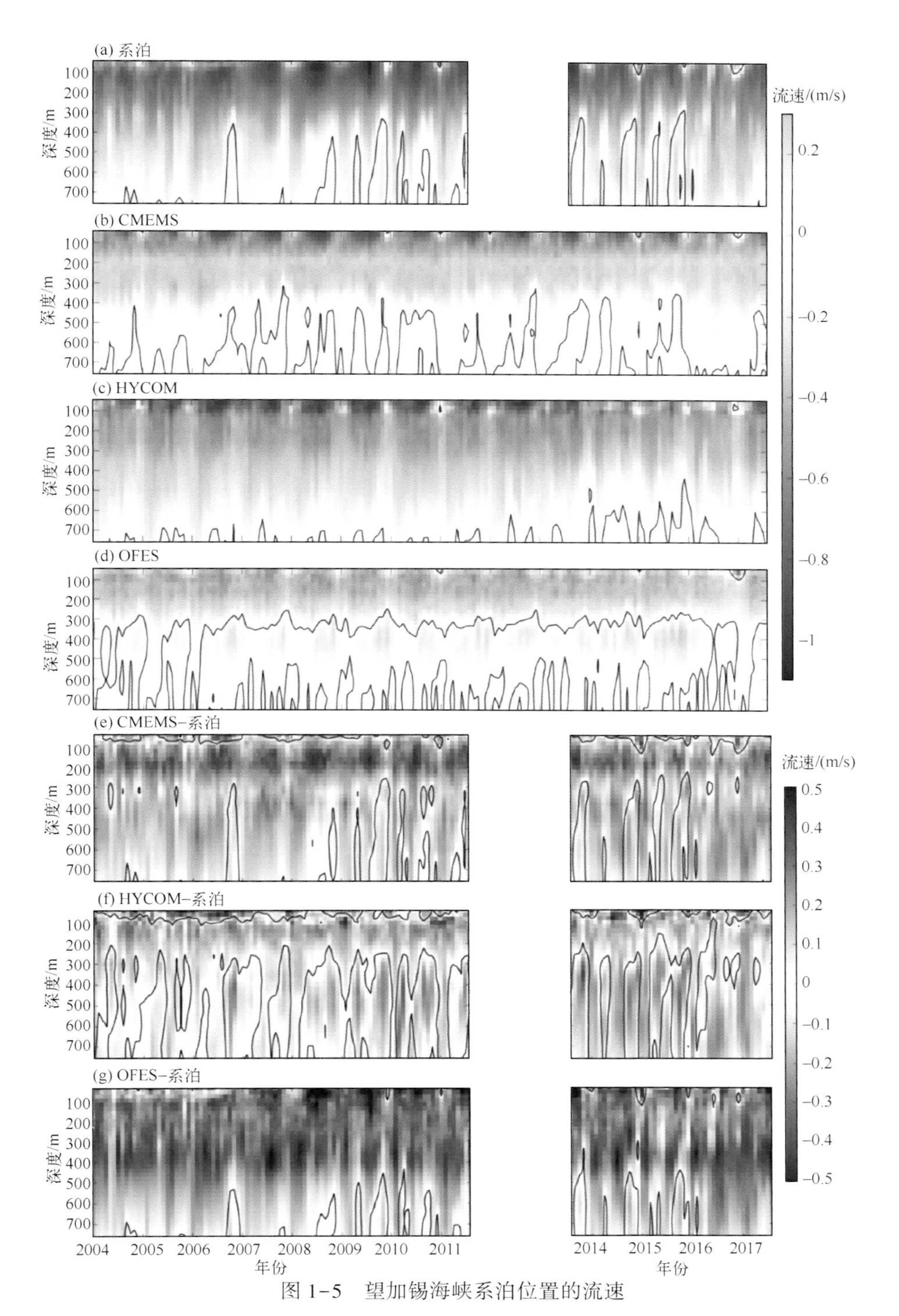

图 1-5 望加锡海峡系泊位置的流速

(a)-(d)分别表示望加锡海峡系泊、CMEMS、HYCOM 和 OFES 再分析数据流速。负(正)值表示向南(北)的流速。(e)-(g)分别表示 CMEMS、HYCOM 和 OFES 再分析数据与系泊数据的流速差。负(正)值表示南向流速大(小)于系泊数据。时间分别为 2004 年 1 月至 2011 年 8 月和 2013 年 8 月至 2017 年 8 月。黑色等值线表示值为 0。单位为 m/s。

表 1-1 再分析数据集与系泊数据流场的相关系数(R)和均方根误差(RMSE)

位置	深度/m	R/RMSE/(m/s)		
		CMEMS	HYCOM	OFES
望加锡海峡	40~760	0.70/0.13	0.47/0.07	0.68/0.21
	40~300	0.87/0.18	0.81/0.09	0.73/0.28
	300~760	0.72/0.12	0.35/0.10	0.72/0.19
帝汶通道	30~520	0.50/0.05	0.25/0.04	0.36/0.04
	30~300	0.54/0.07	0.56/0.04	0.34/0.04
	300~520	0.65/0.05	0.14/0.05	0.59/0.07
翁拜海峡	30~520	0.42/0.24	0.39/0.19	0.49/0.35
	30~300	0.55/0.21	0.58/0.17	0.62/0.41
	300~520	0.76/0.15	0.56/0.12	0.76/0.19

为了比较三种再分析数据集对极值流速的模拟情况，图 1-6 显示了系泊位置最大南向流速及其深度随时间变化情况。从最大南向流速来看[图 1-6(a)]，CMEMS 和 HYCOM 再分析数据模拟效果较好，而 OFES 再分析数据则在幅度上普遍偏小。其中在 2009 年 8 月，系泊数据、CMEMS 和 HYCOM 再分析数据南向最大流速分别为 1.07 m/s、0.92 m/s 和 0.96 m/s，而 OFES 再分析数据为 0.41 m/s。通过相关性分析，CMEMS 和 HYCOM 再分析数据与系泊数据前(2004 年 1 月至 2011 年 8 月)/后(2013 年 8 月至 2017 年 8 月)半段的相关系数分别为 0.85/0.88 和 0.73/

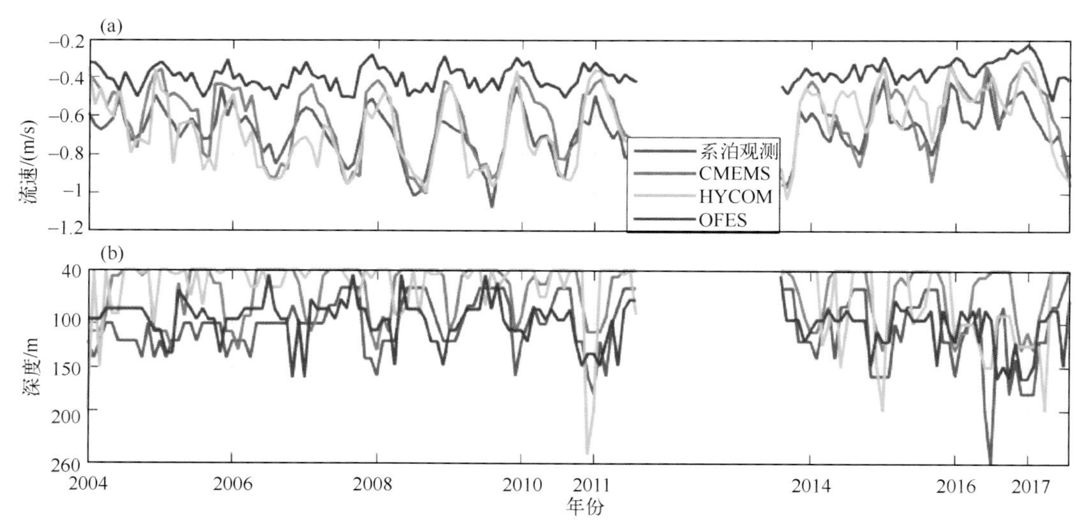

图 1-6 望加锡海峡系泊位置处(a)最大南向流速及其(b)所在深度随时间变化

蓝色、橘色、黄色和紫色实线分别表示系泊数据、CMEMS、HYCOM 和 OFES 再分析数据。

0.78。而 OFES 再分析数据与系泊数据前/后半段的相关系数为 0.64/0.68。在最大南向流速深度方面[图 1-6(b)]，CMEMS 再分析数据模拟效果较好。通过相关性分析，CMEMS、HYCOM 和 OFES 再分析数据与系泊数据前/后半段的相关系数分别为 0.68/0.54、0.23/0.48 以及 0.39/0.36。除前半段 HYCOM 外，其他均通过 95% 显著性检验。

为了更加清晰地对比不同数据之间的流场差异，图 1-7 选取了不同深度的流速随时间变化情况进行比较。参照 Gorden 等对望加锡海峡系泊数据的研究[31]，选取

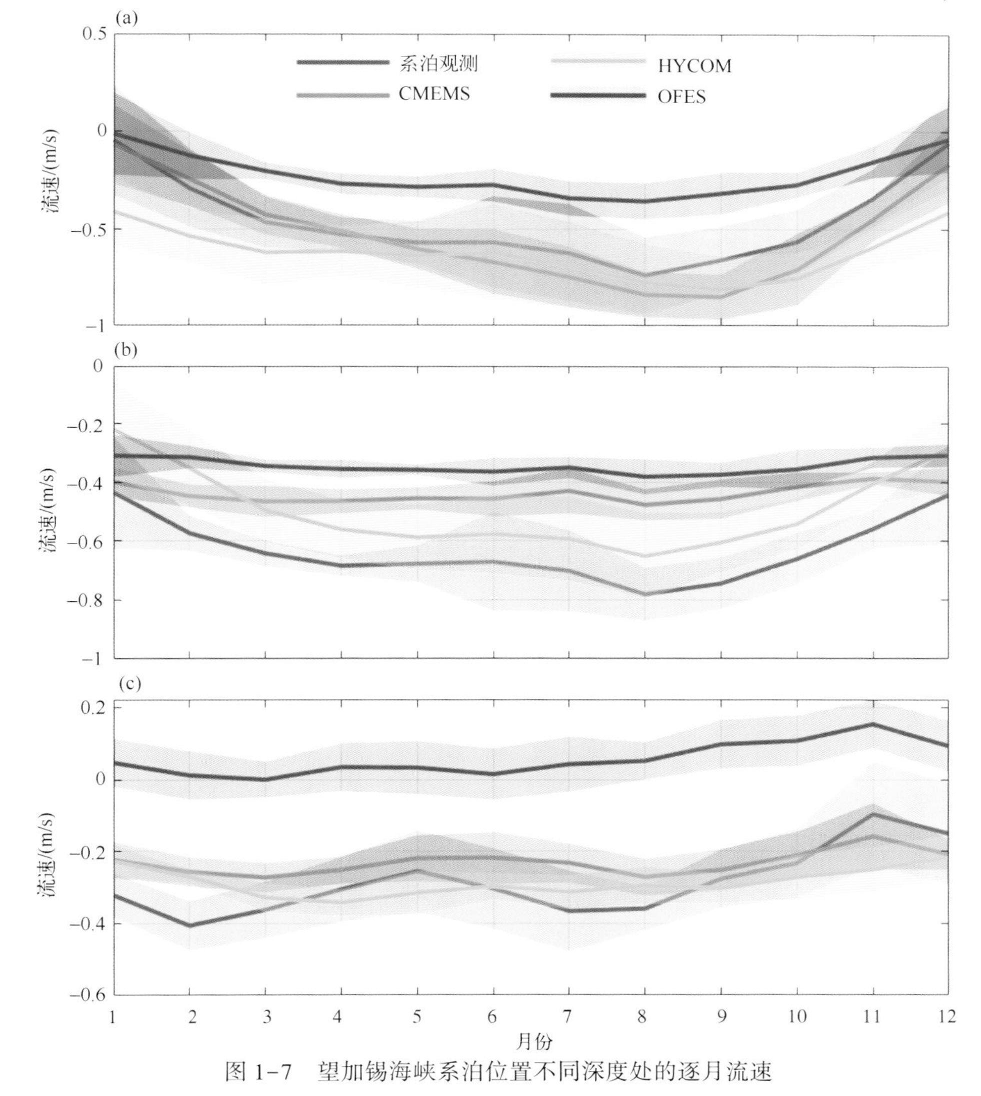

图 1-7 望加锡海峡系泊位置不同深度处的逐月流速

(a)40 m；(b)100 m；(c)340 m。阴影表示标准差，蓝色、橘色、黄色和紫色实线分别表示系泊数据、CMEMS、HYCOM 和 OFES 再分析数据。

了 40 m、100 m 和 340 m 三个深度。在 40 m[图 1-7(a)]，CMEMS 和 HYCOM 再分析数据模拟效果均较好，与系泊数据流速变化趋势符合较好，即在 1—8 月逐渐减小，9—12 月又逐渐增大。OFES 再分析数据虽在整体上与系泊数据变化一致，但流速较小。在 100 m[图 1-7(b)]，HYCOM 再分析数据模拟效果相对较好，而 CMEMS 和 OFES 再分析数据的流速相对较小。在 340 m[图 1-7(c)]，CMEMS 和 HYCOM 再分析数据模拟效果较好，而 OFES 再分析数据仍流速较小。

综合以上在 ITF 重要入流望加锡海峡的对比结果，CMEMS 和 HYCOM 再分析数据模拟效果相当，优于 OFES 再分析数据。其原因可能与不同再分析数据同化的观测资料有关。根据表 1-1，CMEMS 和 HYCOM 再分析数据同化了卫星和系泊的多种观测数据。而 OFES 再分析数据同化的观测资料相对较为欠缺，进一步导致了对本身观测数据较少的望加锡海峡模拟效果较差。

1.2.2 流出

综合收集了翁拜海峡和帝汶通道的系泊数据，对再分析数据在流出区域的适用性进行验证。翁拜海峡和帝汶通道分别选取 8.33°S—8.83°S，125.08°E 和 8.71°S—10.02°S，127.35°E 两条断面进行流量计算。由于 SODA 的低分辨率(为 0.5°)，导致翁拜海峡缺少下层资料，因此，下面只给出 SODA 的上层流量变化。

图 1-8(a)和(b)显示了翁拜海峡的比较结果。在上层，SODA 由于上层分辨率较低，与观测数据的相关性较低(R = 0.31，通过 95%显著性检验；RMSE = 0.61 Sv)。除此之外，其他三个再分析数据的相关性都很高。其中，OFES 的相关系数最大，达到 0.90，RMSE 为 0.45 Sv。在下层，HYCOM 的相关系数最高为 0.80，RMSE 最低为 0.28 Sv，OFES 的相关系数相对较低，为 0.69，RMSE 为 0.43 Sv。

帝汶通道数据的验证结果如图 1-8(c)和(d)所示，发现 CMEMS 在上层的相关系数最大为 0.71，RMSE 最低为 0.14 Sv，而 HYCOM 的相关系数相对较低，为 0.38(通过 95%显著性检验)，RMSE 为 0.26 Sv。在下层，CMEMS 也表现出良好的相关性，相关系数为 0.63，RMSE 为 0.11 Sv。然而，其他三个数据的相关系数都很低。值得注意的是，所有相关系数都通过了 95%显著性检验，表明所有四个再分析数据集都与观测值一致，这给了使用再分析数据集显示 ITF 变异性和机制的置信度。

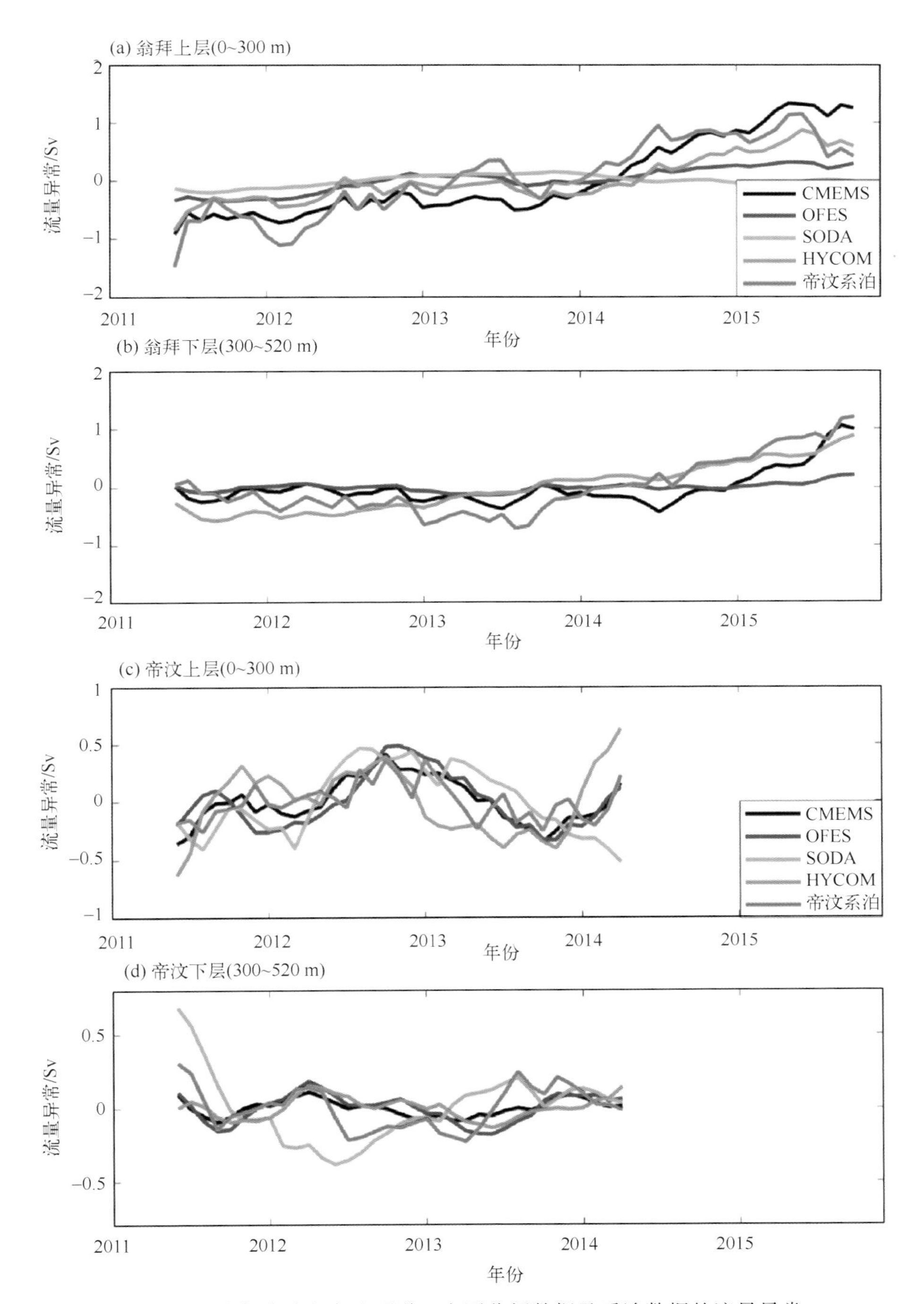

图 1-8 翁拜海峡和帝汶通道 4 个再分析数据及系泊数据的流量异常

(a)翁拜海峡上层的流量。红线为 13 个月滑动平均后的翁拜海峡系泊观测值。黑色、蓝色、绿色和粉红色的线分别是 CMEMS、OFES、SODA 和 HYCOM。(b)与(a)相同，但为翁拜海峡下层。(c)和(d)与(a)和(b)相同，但为帝汶通道。负值表示向南流量异常。

图 1-9 显示了帝汶通道系泊和三套再分析数据集在 2011 年 6 月至 2014 年 4 月期间的对比和差异情况。从系泊数据来看[图 1-9(a)]，在 30~200 m，较强的西向流动主要存在于 2011 年 6—8 月的 30~40 m、2011—2013 年的 9—10 月和 2012—2013 年的 3—6 月的 30~80 m，其中 2012 年的 4—5 月的 30~50 m 的西向流速超过 0.5 m/s。在 200~520 m，2011 年 6—7 月和 9—11 月、2012—2013 年的 4—11 月存在较弱的西向流动。CMEMS 再分析数据在 30~200 m 模拟效果较好，但西向流速整体偏大，差值在 0.2 m/s 以下；而在 200~520 m 东向流动的模拟效果较差，未表现出显著的东向流动[图 1-9(b)和(e)]。HYCOM 再分析数据在 30~200 m 表现出

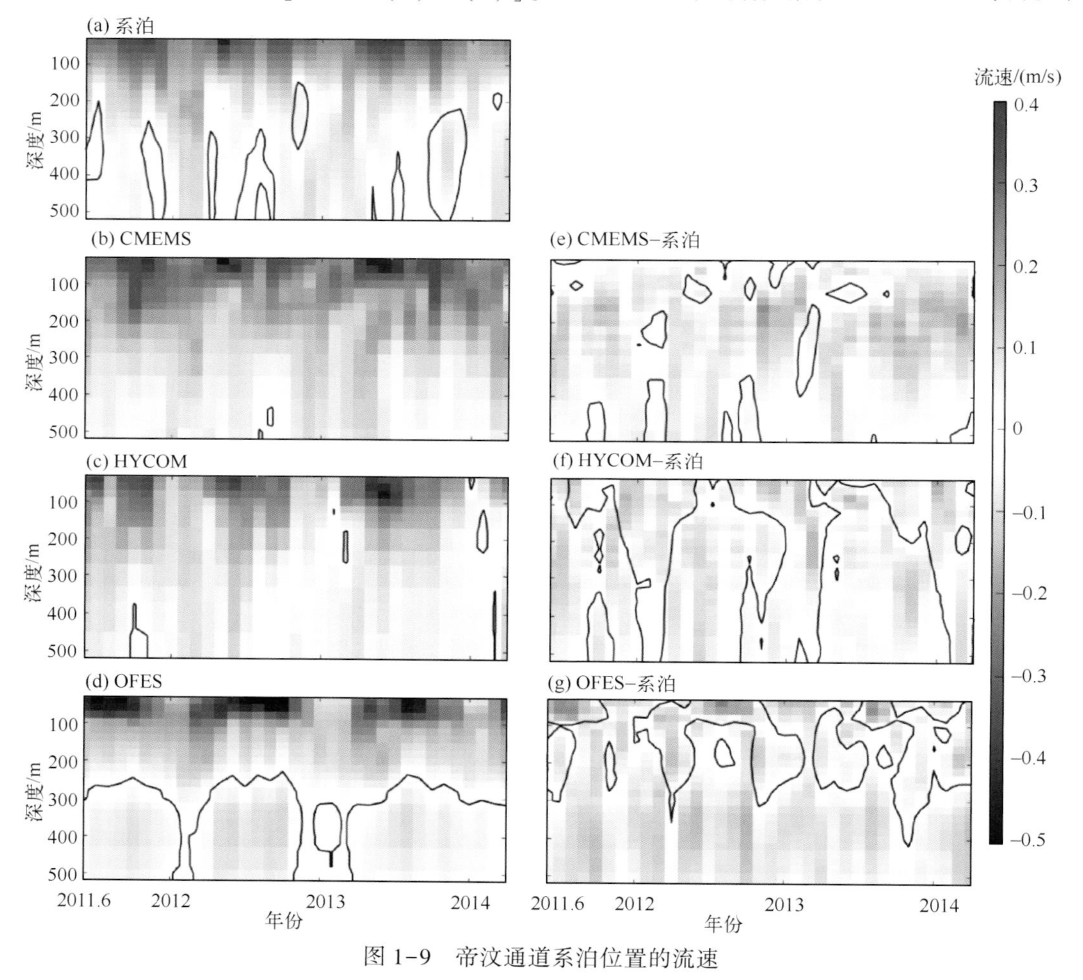

图 1-9　帝汶通道系泊位置的流速

(a)-(d)分别表示帝汶通道系泊、CMEMS、HYCOM 和 OFES 再分析数据流速。负(正)值表示向西(东)的流速。(e)-(g)分别表示 CMEMS、HYCOM 和 OFES 再分析数据与系泊数据的流速差。负(正)值表示南向流速大(小)于系泊数据。时间为 2011 年 6 月至 2014 年 4 月。黑色等值线表示值为 0。单位为 m/s。

与系泊相近的西向流速，在较强的西向流动区表现出 0.1 m/s 的更强流动；但在 200～520 m 模拟效果较差，东向流动同样不显著[图 1-9(c)和(f)]。OFES 再分析数据在30～200 m 西向流更强，差值达到0.2 m/s；在200～520 m 东向流更强，差值达到 0.2 m/s 以上[图 1-9(d)和(g)]。对比三套再分析数据的比较结果(表 1-1)，CMEMS 和 OFES 再分析数据模拟效果较好，HYCOM 再分析数据模拟效果较差。CMEMS 再分析数据在 30～520 m、30～300 m 以及 300～520 m 与系泊数据的相关系数分别为 0.50、0.54 以及 0.65，且 RMSE 均在 0.07 m/s 以下。OFES 再分析数据的表现与 CMEMS 再分析数据较为接近，两者均可以较好地模拟帝汶通道西向流速相位变化。HYCOM 再分析数据在 30～300 m 与系泊数据的相关性较好，相关系数达到 0.56，但在 300～520 m 与系泊数据相关性较差，其在模拟帝汶通道下层西向流速变化中表现较差。

从系泊最大西向流速来看[图 1-10(a)]，三套再分析数据集与系泊数据在最大幅度和相位上均能较好地对应。其中，CMEMS 再分析数据模拟效果相对较好。CMEMS、HYCOM 和 OFES 再分析数据与系泊的相关系数分别为 0.97、0.79 和 0.61。在最大西向流速深度方面[图 1-10(b)]，三套再分析数据集均显示出偏深的深度。其中，OFES 再分析数据平均深度最深。CMEMS、HYCOM 和 OFES 再分析数据与系泊数据在最大流速深度上的相关系数分别为 0.65、0.36 和 0.72。以上结果均通过 95%的显著性检验。

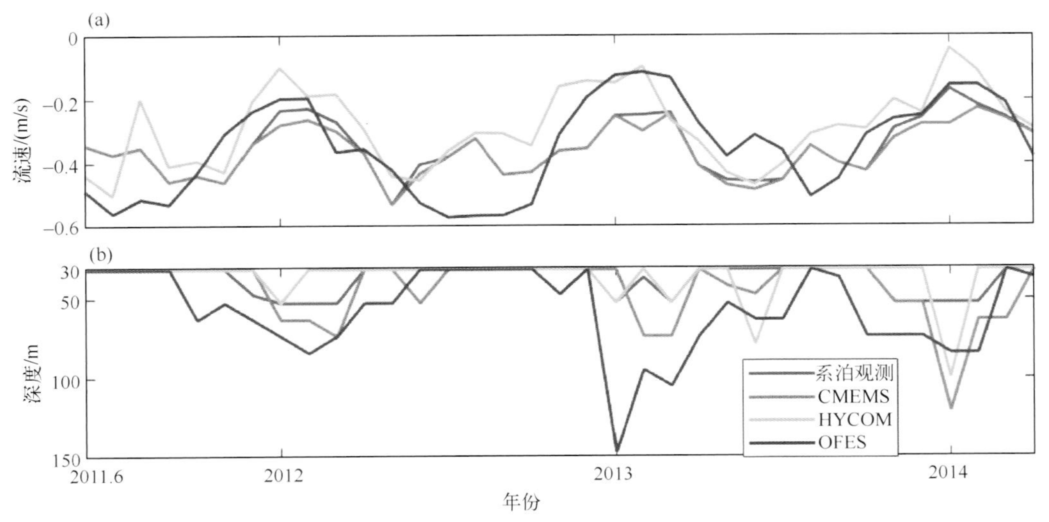

图 1-10 帝汶通道系泊位置处(a)最大西向流速及其(b)所在深度随时间变化

蓝色、橘色、黄色和紫色实线分别表示系泊数据、CMEMS、HYCOM 和 OFES 再分析数据。

为进一步对比帝汶通道系泊位置不同深度流速变化情况，图 1-11 分别给出了 50 m、300 m 和 520 m 深度处不同数据的流速变化。在 50 m 深度[图 1-11(a)]，系泊数据在 1—5 月西向流速逐渐增大，最大西向流速达到 0. 39 m/s；在 6—8 月西向流速又逐渐减小；9—10 月和 11—12 月西向流速分别增大和减小。CMEMS 和 HYCOM 再分析数据均与系泊数据对应较好，而 OFES 再分析数据在 7—9 月与系泊数据差异较大。在 300 m 和 520 m 深度[图 1-11(b)和(c)]，CMEMS 和 OFES 再分析数据相对较好，而 HYCOM 再分析数据相对较差。

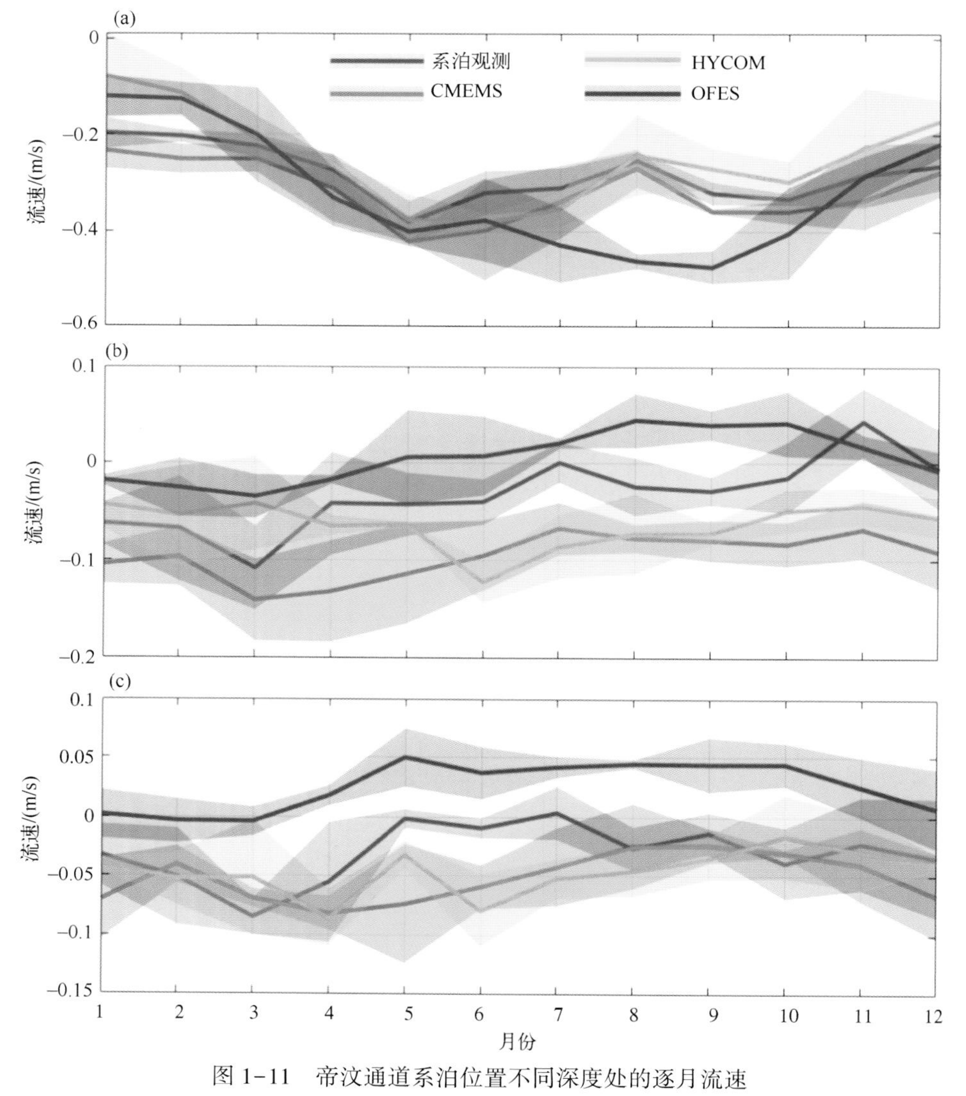

图 1-11　帝汶通道系泊位置不同深度处的逐月流速

(a)50 m；(b)300 m；(c)520 m。阴影表示标准差，蓝色、橘色、黄色和紫色实线分别表示系泊数据、CMEMS、HYCOM 和 OFES 再分析数据。

图 1-12 显示了翁拜海峡系泊和三套再分析数据 2011 年 6 月至 2015 年 10 月期间的对比和差异情况。在 30~300 m 深度，较强的西向流普遍存在于 2011—2015 年的 6—10 月[图 1-12(a)]。其中 2011 年 6—12 月，30~100 m 西向流速达 1.2 m/s；2013 年的 7—9 月，40~120 m 西向流速超过 1.2 m/s。在 300~520 m，较弱的东向流存在于 2012—2013 年的 5—6 月、2012—2014 年的 8—11 月以及 2014—2015 年的 2—5 月。CMEMS 再分析数据的西向流速变化与系泊数据相似，但强流区深度较浅[图 1-12(b)]。CMEMS 再分析数据在近表层和 100~200 m 层较强西向流区域表现出更大的流速，差值达到 0.4 m/s；而在东向流动区域表现出更大范围和更强流速[图 1-12(e)]。HYCOM 再分析数据在 30~300 m 西向流动区域流速较弱，差值达到 0.4 m/s；而在 300~520 m 西向流速较强，差值达到 0.3 m/s[图 1-12(c)和

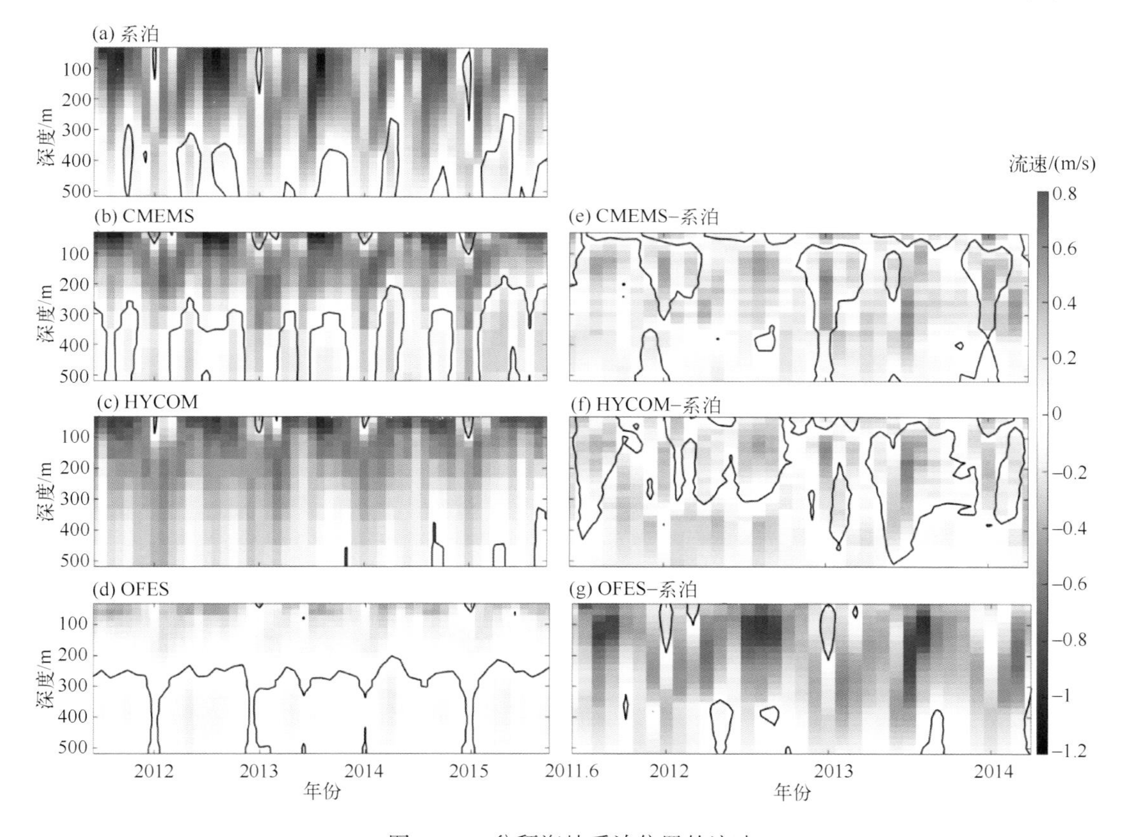

图 1-12　翁拜海峡系泊位置的流速

(a)-(d)分别表示翁拜海峡系泊、CMEMS、HYCOM 和 OFES 再分析数据流速。负(正)值表示向西(东)的流速。(e)-(g)分别表示 CMEMS、HYCOM 和 OFES 再分析数据与系泊数据的流速差。负(正)值表示南向流速大(小)于系泊数据。时间为 2011 年 6 月至 2015 年 10 月。黑色等值线表示值为 0。单位为 m/s。

(f)]。OFES 再分析数据整体流速模拟较小[图 1-12(d)]，分别在 30~280 m 和 280~520 m 显示出更弱的西向流速和更强的东向流速，其中上层流速差值达到 0.8 m/s[图 1-12(f)]。对比三套再分析数据集的比较结果(表 1-1)，可以得出 CMEMS 再分析数据的模拟效果相对较好，其在 30~520 m、30~300 m 以及 300~520 m 与系泊数据的相关系数分别为 0.42、0.55 以及 0.76，且 RMSE 均在 0.24 m/s 以下。HYCOM 再分析数据虽在整体上 RMSE 较小，但其良好的相关性仅体现在 30~300 m，在 300~520 m 与系泊数据的相关性相对其余两套再分析数据较差。OFES 再分析数据整体的 RMSE 较大。

翁拜海峡系泊位置最大西向流速及其深度随时间变化情况如图 1-13 所示。从系泊位置处最大流速来看[图 1-13(a)]，三套再分析数据集在相位变化上与系泊数据符合较好，其中 CMEMS 和 HYCOM 再分析数据在流速幅度上表现较好，而 OFES 再分析数据流速偏小。例如在 2013 年 8 月，系泊、CMEMS 以及 HYCOM 再分析数据西向最大流速分别为 1.15 m/s、1.13 m/s 以及 1.28 m/s，而 OFES 再分析数据仅为 0.45 m/s。相关性分析表明，CMEMS、HYCOM 和 OFES 再分析数据与系泊数据的相关系数分别为 0.79、0.77 和 0.76。在最大西向流速深度方面[图 1-13(b)]，三套再分析数据集在相位变化上均表现较好，但在 2012—2015 年的 1 月均显示出较浅的西向最大流速深度。CMEMS、HYCOM 和 OFES 再分析数据与系泊数据在最大流速深度上的相关系数分别为 0.88、0.84 和 0.73。以上结果均通过 99%的显著性检验。

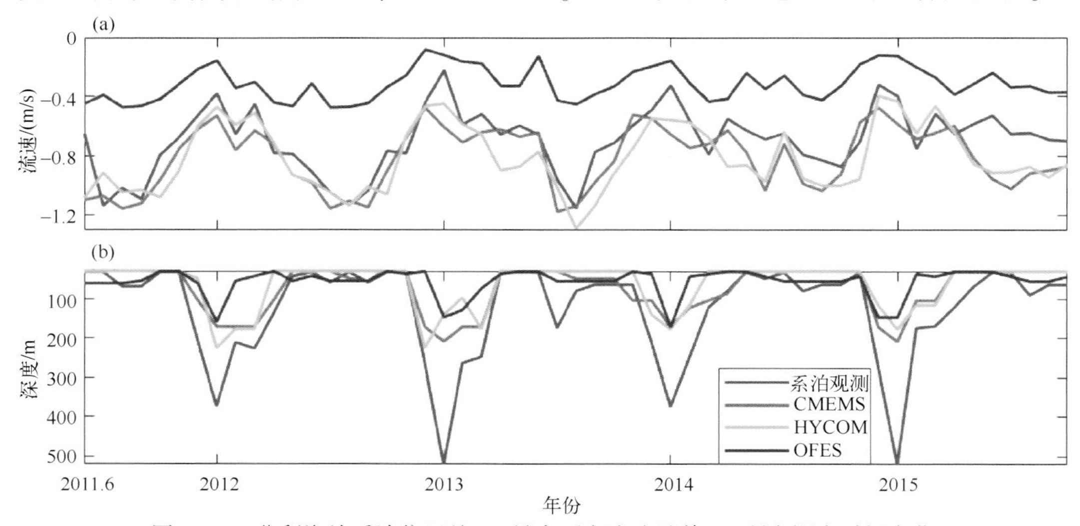

图 1-13 翁拜海峡系泊位置处(a)最大西向流速及其(b)所在深度时间变化

蓝色、橘色、黄色和紫色实线分别表示系泊数据、CMEMS、HYCOM 和 OFES 再分析数据。

进一步对比翁拜海峡不同深度流速变化情况，如图 1-14 所示。总体而言，CMEMS 再分析数据模拟效果较好，HYCOM 再分析数据次之，OFES 再分析数据较差。在 50 m[图 1-14(a)]，CMEMS 和 HYCOM 再分析数据与系泊数据符合较好，而 OFES 再分析数据流速较小。在 300 m 和 520 m[图 1-14(b)和(c)]，HYCOM 再分析数据模拟表现变差，OFES 再分析数据流速较弱。

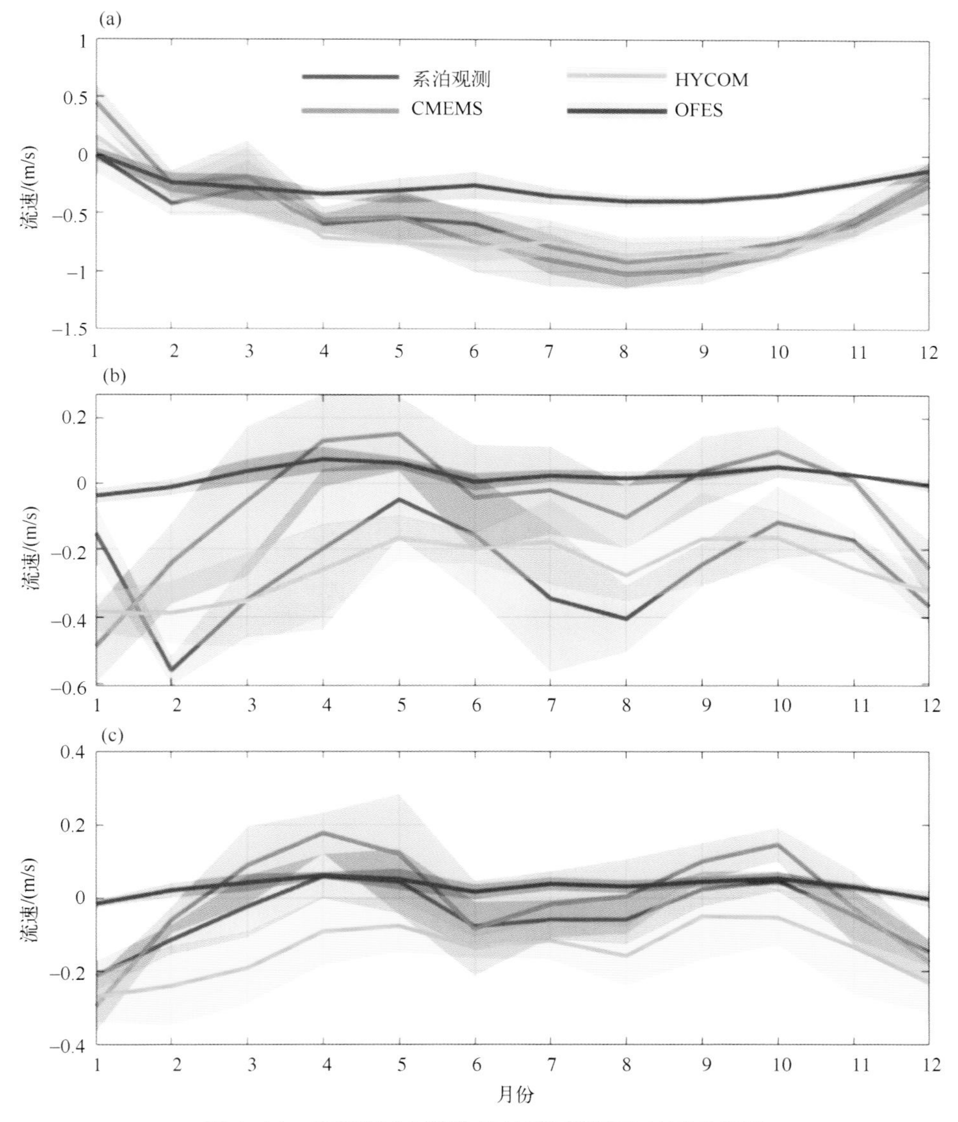

图 1-14 翁拜海峡系泊位置处不同深度处的逐月流速

(a)50 m；(b)300 m；(c)520 m。阴影表示标准差，蓝色、橘色、黄色和紫色实线分别表示系泊数据、CMEMS、HYCOM 和 OFES 再分析数据。

综合四套再分析数据集在 ITF 两个主要的出流海峡流场的模拟结果，CMEMS 再分析数据表现相对较好。HYCOM 再分析数据在对两个海峡的下层流场模拟较差。OFES 再分析数据分别对帝汶通道和翁拜海峡的流场模拟偏大和偏小。由于 HYCOM 再分析数据在深度配置中采用垂向混合坐标，在水深配置上与现实深度可能不匹配，从而导致整个深度上的模拟不稳定。该现象同样出现在一些类似于翁拜海峡这种海域。OFES 再分析数据则由于没有同化数据，因而对 ITF 出流模拟不准确。

第2章 印尼海域海盆尺度流场时空变化特征

2.1 表层流场时空变化

2.1.1 月变化

通过对再分析数据的预处理以及流场和流速大小空间分布结合绘图后，得到了印尼海域表层逐月的流场空间分布。此外，还增加了印尼海域的实测数据，即卫星高度计数据的相关信息，得到了海平面异常(Sea Level Anomaly，SLA)的逐月变化。

通过分析印尼海域表层逐月流场的空间分布(图2-1)，可以发现以下变化特征。

在12月，靠近越南东侧的南海有一支流速强劲的南向流动，这支流就是众多学者所研究的在南海-西印尼海范围内的南海分支(或称南海贯穿流)，其连接西太平洋和印度洋并且是印尼贯穿流的一个分支。南海贯穿流流速强劲，在流轴位置流速可超过0.6 m/s，流幅约为11.1 km。南海贯穿流的影响范围很远，从越南东侧海域顺流而下在11.8°N位置处流幅开始变大并向西南方向流动并流入泰国湾海域。随着向南流动，其大约在6°N位置处分为东南部分和西南部分。其东南部分在东部形成逆时针的气旋式环流，涡旋中心的位置大致在6°N，109.8°E。因此，在南海的中东部海域具有向西北方向的微弱流动。其西南部分途经众多海峡蜿蜒流入爪哇海。由于“狭管效应”，其在经过宽度较窄的海峡时流速有较为明显的增大。在卡里马塔海峡有较强的东南向的流动，海峡位置的流速达到了0.6 m/s。由于卡里马塔海峡出口位置西侧水道较为狭窄，故而东侧水道流幅更宽且对下游的影响更为显著。沿其流动方向，在巽他海峡、龙目海峡有海水向印度洋流出，但由于两个海峡较为狭窄，对印度洋一侧的流场影响并不显著。南海贯穿流流经此处后继续向东流动，其中由于爪哇海和班达海中岛屿众多，所以流场蜿蜒曲折。

此外，在西太平洋，强度较大的棉兰老流分为两支，一支通过棉兰老岛和塔劳

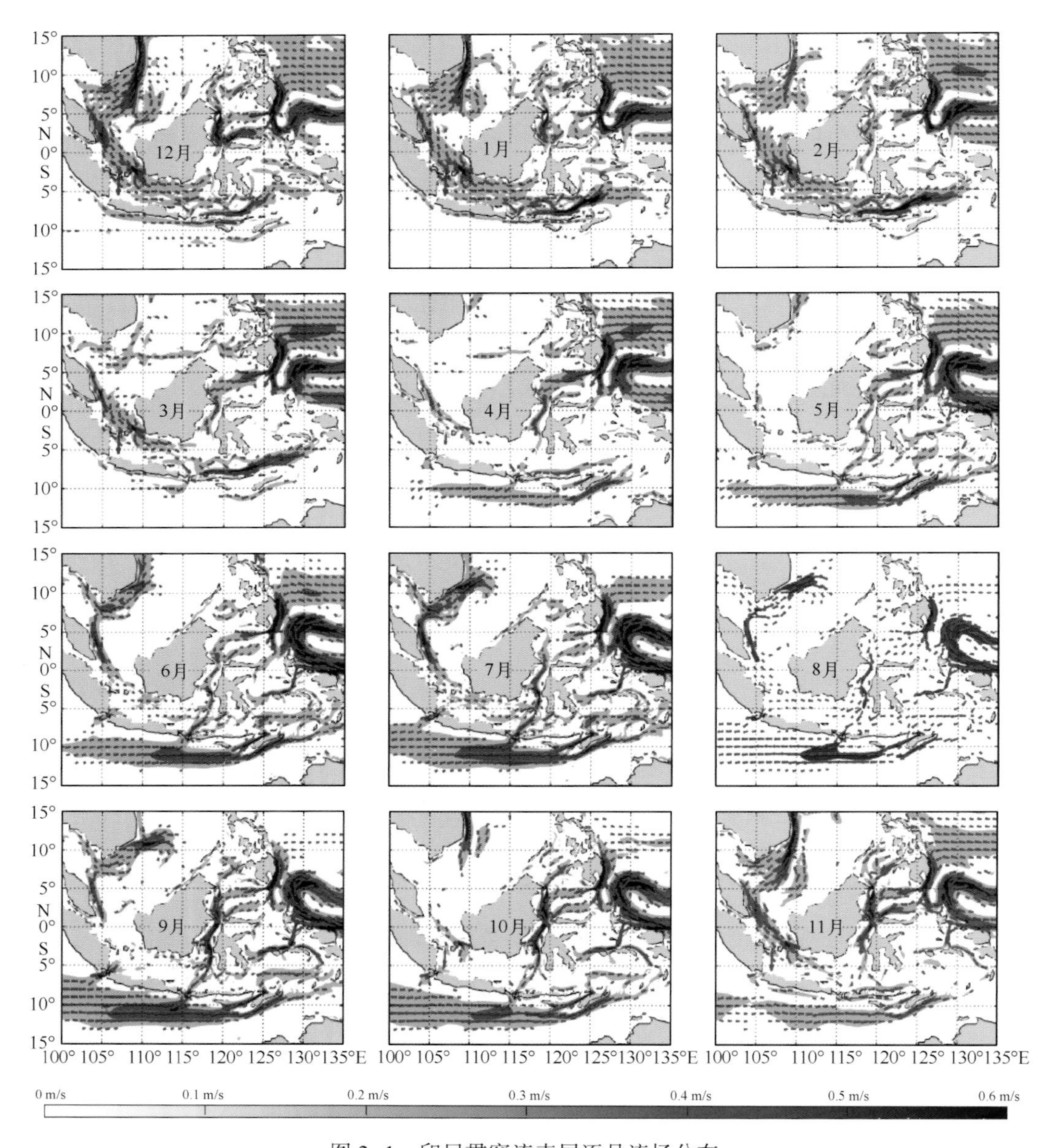

图 2-1　印尼贯穿流表层逐月流场分布

群岛流入苏拉威西海，另一支向南流入马鲁古海峡。在这两支中，后一支的流幅更宽，但由于其逐渐向南部偏移及岛屿影响等众多因素，其在马鲁古海峡入口位置有较大一部分向北部流出并沿赤道向东向流动并入到北赤道逆流中。此外，西太平洋的流还经过印尼海域北部诸多岛屿之间的海峡流入苏禄海。苏禄海中存在两支流速大小在 0.4 m/s 以上的流系，一支主要由北部海域流入，流向为先向西南在加里曼丹岛的北部邦吉岛附近海域转向向南流动并流入苏拉威西海；另一支主要由东部海域流入，流向主要为西南方向，后主体并入到前面一支中。

苏拉威西海中存在一个东侧未闭环的逆时针方向流动的流环，在望加锡海峡入口位置流环分离，部分海流流向望加锡海峡，但大部分都流向东部并与之前棉兰老流南向一支合并。哈马黑拉海峡还存在西太平洋西向流动的海水流入。马鲁古海峡处的海水向南流经塞兰岛附近海域并于哈马黑拉海峡流入海水合并向东南方向流去。望加锡海峡处的海水向南流出与爪哇海北部的海流汇合后向班达海流去。翁拜海峡和帝汶通道有较强的西向流，流向印度洋，流速约为 0.3 m/s。翁拜海峡海流多为靠爪哇岛及其东侧系列岛屿的南部边缘的沿海流。

与 12 月相比，在 1 月，苏拉威西海内流场有很大变化，在海域东西两侧形成了两个气旋式环流。其中，西侧的气旋式环流强度较大。此外，帝汶通道的向西流动减弱，最大流速不超过 0.2 m/s。到 2 月，南海贯穿流减弱，最大流速减小为 0.5 m/s，流幅变窄，并且其分两支的现象以及东部的气旋式环流消失。在苏拉威西海，“双气旋式环流”的强度都有所减小，体现在最大流速由之前的 0.6 m/s 降至 0.4 m/s。在 3 月，南海贯穿流减弱的趋势更加明显，最大流速仅有 0.3 m/s。苏拉威西海的西侧气旋式环流强度减弱低于东侧的气旋式环流强度，西侧流动主要向南流入望加锡海峡，流速最大达到 0.6 m/s，望加锡海峡内大部分区域流速在 0.3 m/s 以上。在苏禄海西侧的南向流动也有一定的减弱，该海域最大流速降低至 0.3 m/s 以下。同时，北赤道逆流的流幅变宽。此外，翁拜海峡处流速减小，而帝汶通道处流幅和流速增加。

从 4 月到 5 月，南海贯穿流强度持续减小，甚至在越南东部的南海海域出现北向流。同时，北赤道逆流强度逐渐增大，巽他海峡、龙目海峡、翁拜海峡以及帝汶通道 4 个印尼贯穿流主要流出海峡的流速和流幅都不断增大。在此期间，逆时针的环流在苏拉威西海重新生成。在 5 月，望加锡海峡处流速和流幅有所减小，卡里马塔海峡处开始出现北向流。在苏禄海出现强度较小的反气旋式环流，最大流速在 0.3 m/s 左右。

从 6 月到 8 月，马来半岛东侧至越南东侧南海海域的北向流不断增强，在 8 月，其流速超过 0.6 m/s。同时，卡里马塔海峡也出现了较强的西北向流，其流速在 0.2 m/s 左右。此外，哈马黑拉海峡的流动更加强烈，流速不断增加，在 8 月流速超过了 0.6 m/s。在此期间，印尼贯穿流的 4 个主要流出海峡的西南向流不断增强。

在 9 月，马来半岛东侧至越南东侧南海海域北向流以及卡里马塔海峡的西北向流开始减弱。10—11 月，南海贯穿流向南流动重新生成，卡里马塔海峡处东南向流动随之增强。同时，印尼贯穿流的 4 个主要流出海峡的海流流速逐渐减弱，到 11 月恢复到 12 月水平。

其次是在表层流场的分析基础之上，通过区域选取得到卫星高度计的 SLA 数据及流场的空间分布图(图 2-2)。通过与再分析数据表面流场的比较后发现：在印尼贯穿流 4 个主要流出海峡及其延伸处，海表面高度的逐月升降变化与再分析数据所得流场符合较好。同时，流场的分布也能够很好地解释气旋式环流导致的中心海表面高度降低现象以及泰国湾处的海水堆积现象。

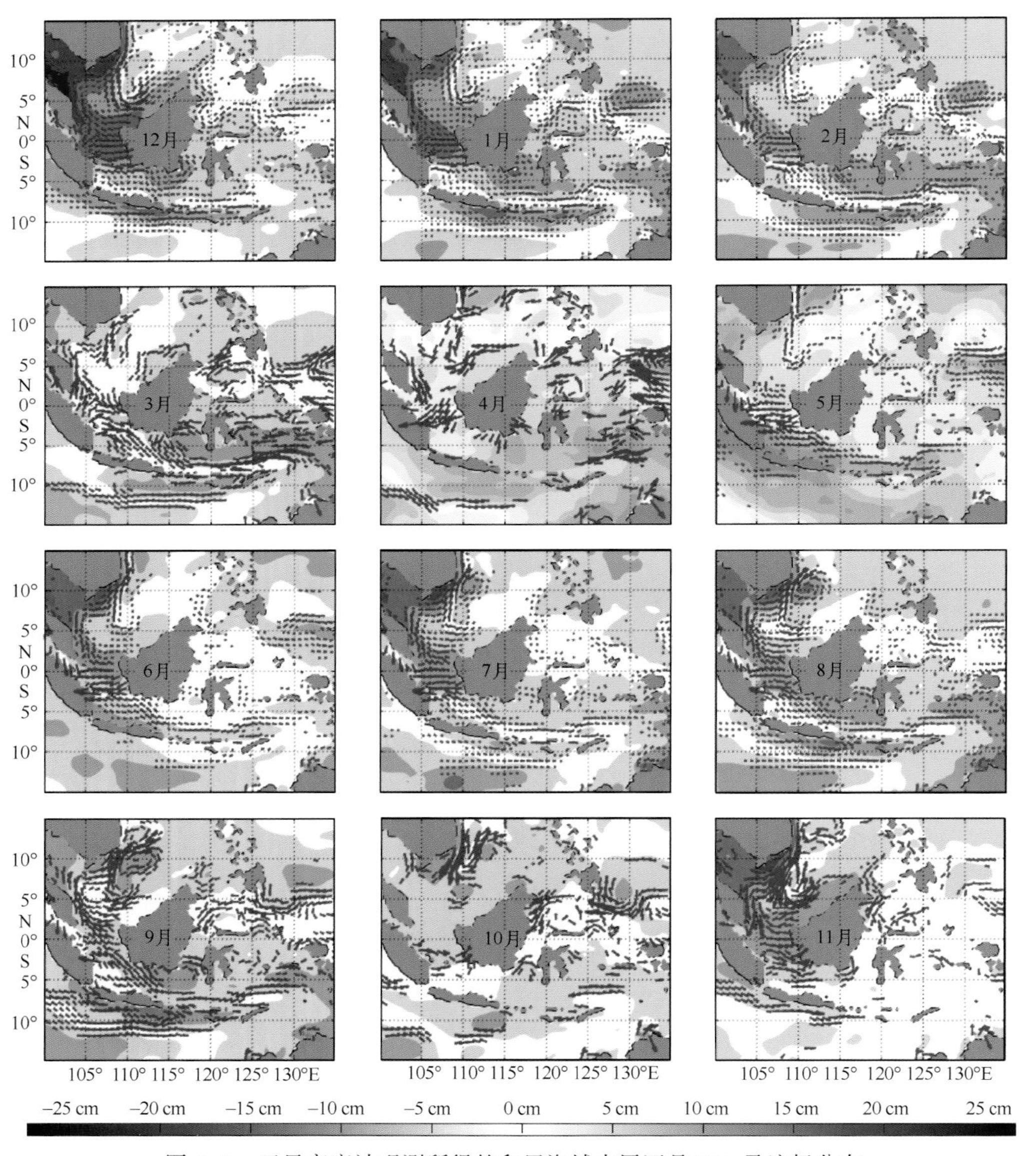

图 2-2　卫星高度计观测所得的印尼海域表层逐月 SLA 及流场分布

2.1.2 季节变化

通过分析印尼海域表层逐季的流场分布(图 2-3)，并根据逐月流场的变化规律，可以发现以下变化。

在冬季，流场的特征基本与之前逐月分析所得的 12 月流场特征相似，即南海贯穿流向南流动最盛，其顺势南下蜿蜒流向爪哇海和班达海。印尼贯穿流 4 个主要流出海峡处流动以及望加锡海峡处流动很弱，是这四个季节里强度最小的。

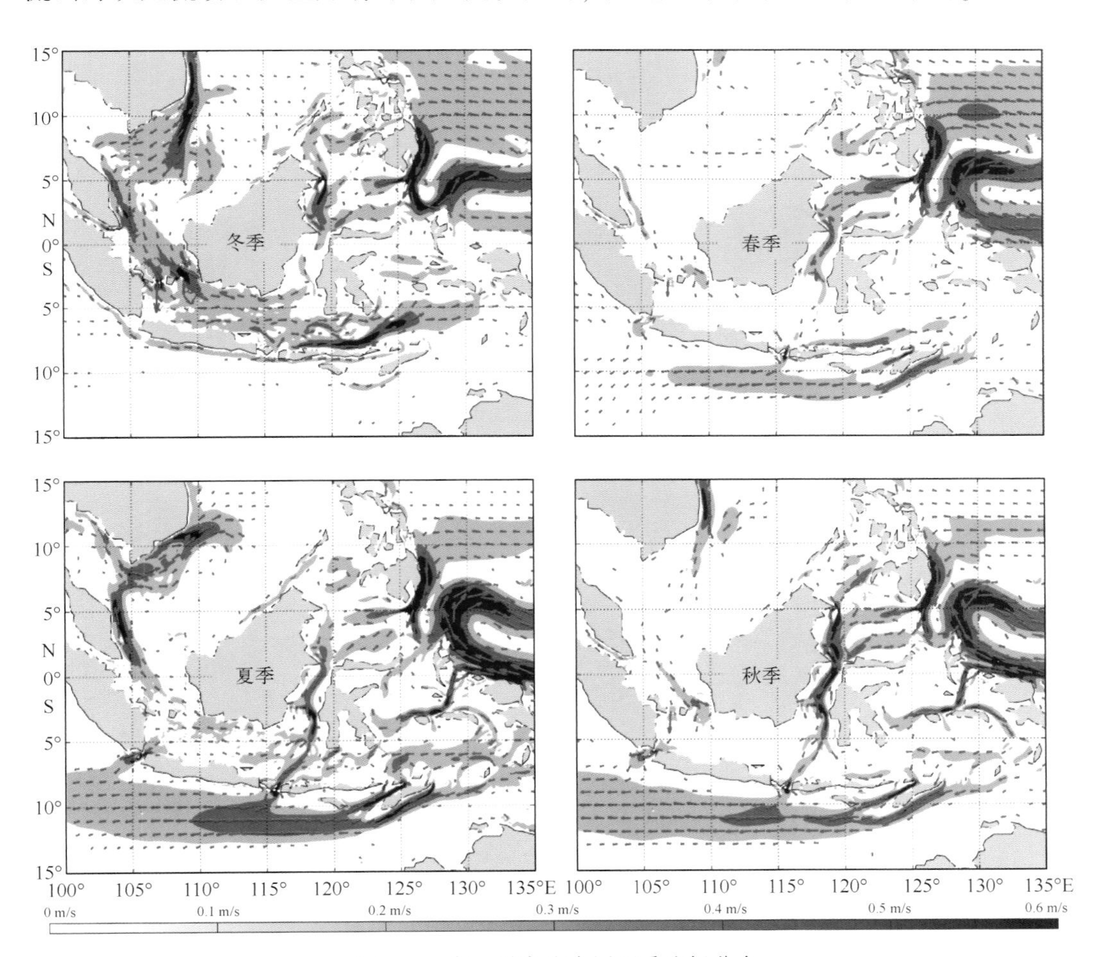

图 2-3 印尼贯穿流表层逐季流场分布

到春季，南海贯穿流有很大减弱，其平均流速小于 0.1 m/s，卡里马塔海峡的东南向流较弱。印尼贯穿流 4 个主要流出海峡处流动以及望加锡海峡处流动增强，这种态势在夏季和秋季持续增强，前者在夏季达到最盛，后者在秋季达到最盛。

在夏季，南海贯穿流出现北向的流动且流速较大，其流轴在 12°N 处向东偏移。同时，卡里马塔海峡存在西北向流动。

到秋季，这种现象有了转变，即向南流动的南海贯穿流重新生成，卡里马塔海峡再次出现东南向流动。

2.1.3 年际变化

通过比较不同年份表层流场的空间分布(图 2-4)，可以发现以下变化。

在大部分年份里，南海贯穿流的年平均流速低于 0.2 m/s，且影响范围较弱。同时，印尼贯穿流 4 个主要流出海峡以及望加锡海峡的流速较大，最大流速基本保持在 0.5 m/s。马鲁古海峡和哈马黑拉海峡处流速较弱，最大流速在 0.4 m/s 左右。北赤道逆流的流速常年保持强劲的态势。

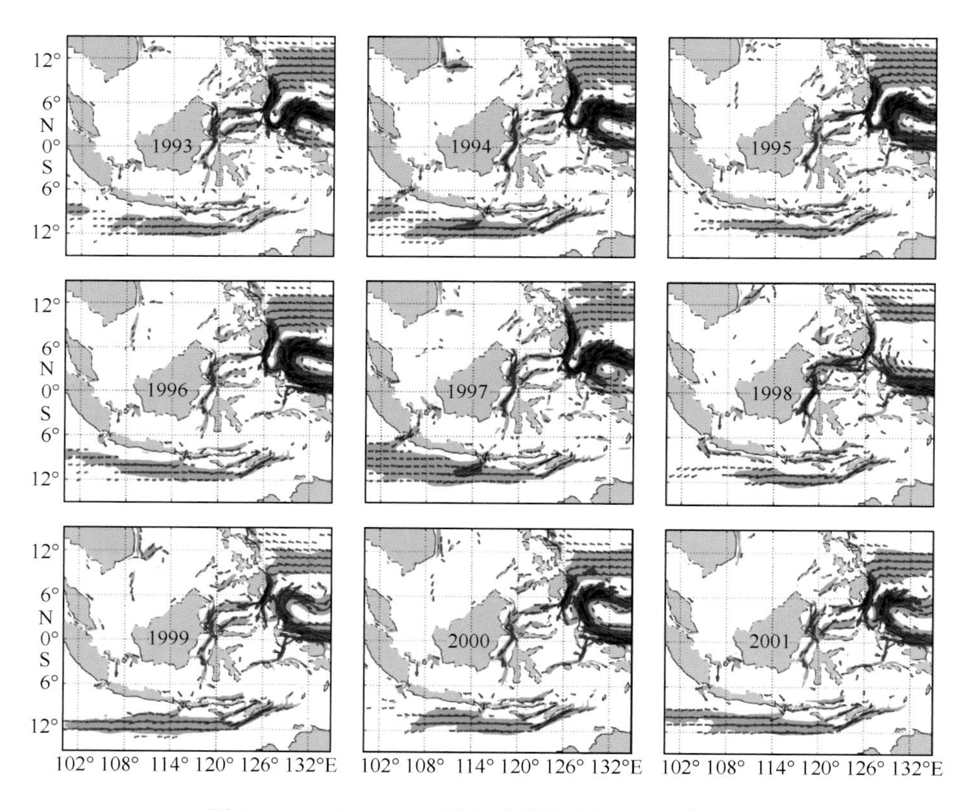

图 2-4 1993—2019 年印尼贯穿流表层逐年流场分布

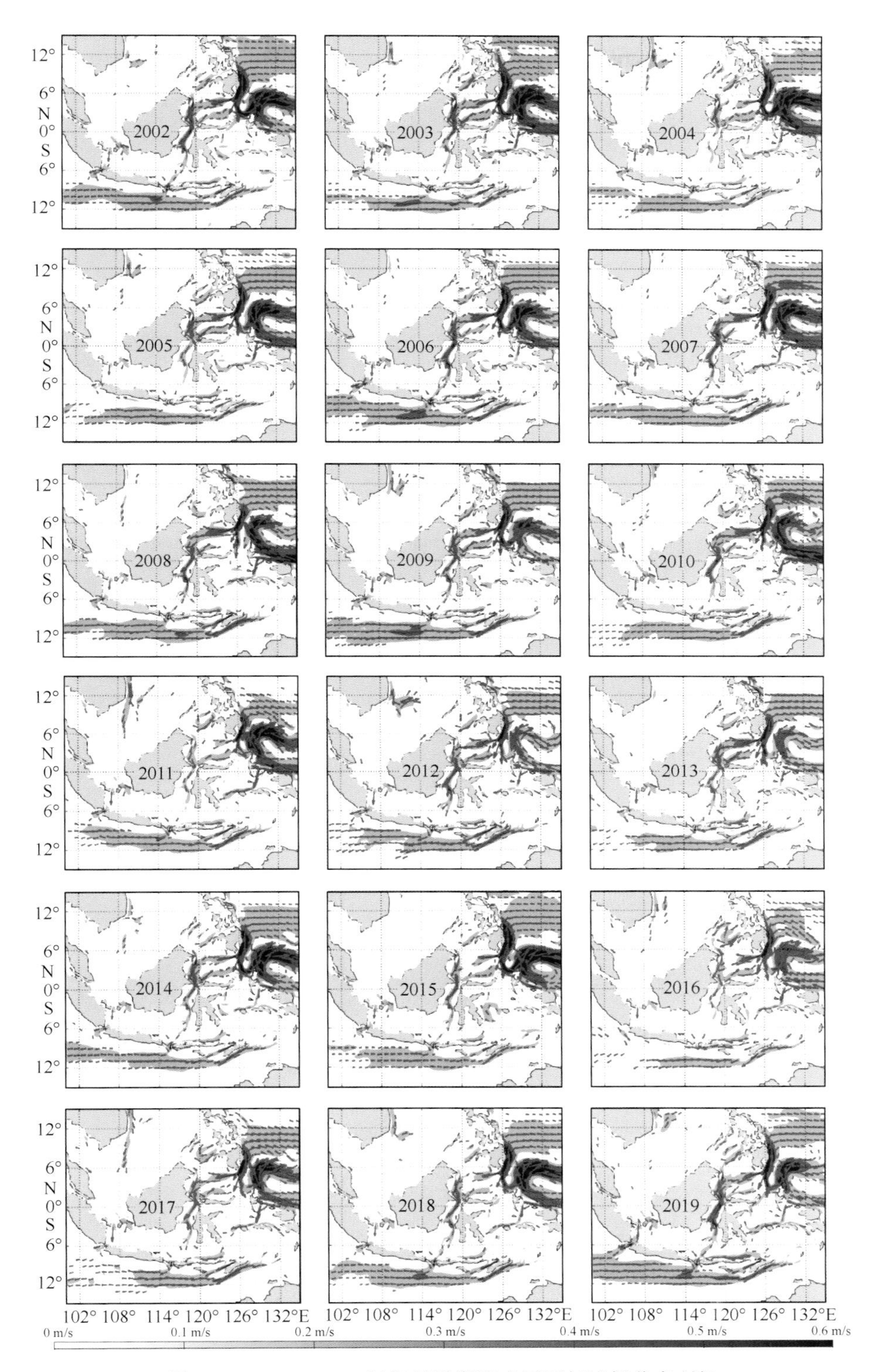

图 2-4　1993—2019 年印尼贯穿流表层逐年流场分布(续)

2.2 次表层流场时空变化

2.2.1 月变化

通过分析印尼海域次表层(109 m 层)逐月流场的空间分布(图 2-5)，可以发现以下变化。

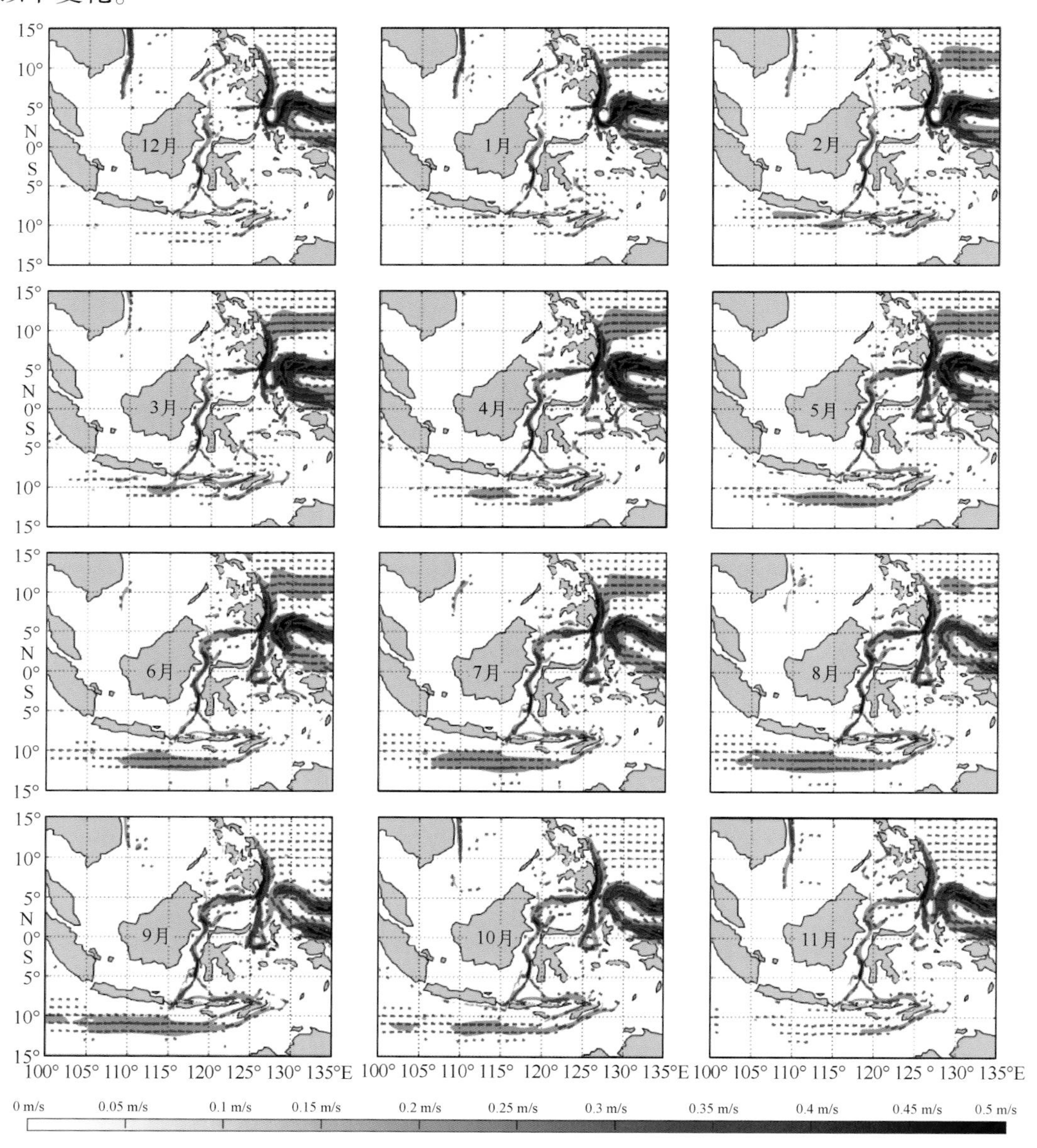

图 2-5 印尼贯穿流 109 m 层逐月流场分布

在12月，南海贯穿流从越南东侧的南海海域开始向南流动，流速强劲，流轴位置处流速在0.45~0.5 m/s，流幅较窄(<10 km)。由于海底地形原因，其大约在5°N，109°E位置处向北转向并随着向北流动流速逐渐减小。在望加锡海峡处，流动强劲且影响范围在南北向上较广，流速最大值超过0.5 m/s，流幅大约为12 km。在109 m层，印尼贯穿流主要的流出海峡为龙目海峡、巽他海峡以及帝汶通道。以上3个海峡通道在12月流动较弱。1—2月的流场特征与12月基本保持稳定。所不同的是，南海贯穿流向南流动逐渐减弱，3个主要流出海峡通道以及望加锡海峡的流动加强并至11月继续保持相当可观的强劲流速。

从3月到5月，向南流动的南海贯穿流基本消失，马鲁古海峡和哈马黑拉海峡的流动增强，最大流速达到0.4 m/s。在5月，马鲁古海峡的下游位置(1°S，126°E)开始形成气旋式环流，其最大流速达到0.3 m/s，这个气旋式环流在6—11月一直存在。

在6月，南海贯穿流北向的流动开始出现，流速相对较弱，最大不超过0.2 m/s。7—8月，南海贯穿流北向流动向东北向偏移并且其强度逐渐减弱。在8月，南海的北部在10°N，112°E位置处出现强度较小的气旋式环流。9—11月，南海贯穿流为向南流动并逐渐增强。

2.2.2 季节变化

通过分析印尼海域次表层(109 m层)逐季的流场分布(图2-6)，并根据逐月流场变化规律，可以发现以下变化。

在冬季，存在于越南东侧南海海域的南海贯穿流呈现为南向流动，流轴处的流速在0.45~0.5 m/s，流幅较窄。由于海底地形原因，其大约在5°N，109°E位置处向北转向并随着向北流动流速逐渐减小。望加锡海峡处的流动强劲且在南北向上影响范围较广，流速最大值超过0.5 m/s。印尼贯穿流主要的3个流出海峡(龙目海峡、巽他海峡以及帝汶通道)在冬季流动较弱。3个主要流出海峡通道流动在夏季达到最盛。

到春季，向南流动的南海贯穿流基本消失，马鲁古海峡和哈马黑拉海峡的流动增强。同时，马鲁古海峡的下游位置(1°S，126°E)存在气旋式环流，其最大流速达到0.3~0.35 m/s。这个气旋式环流在夏季和秋季一直存在，并在夏季达到最强。

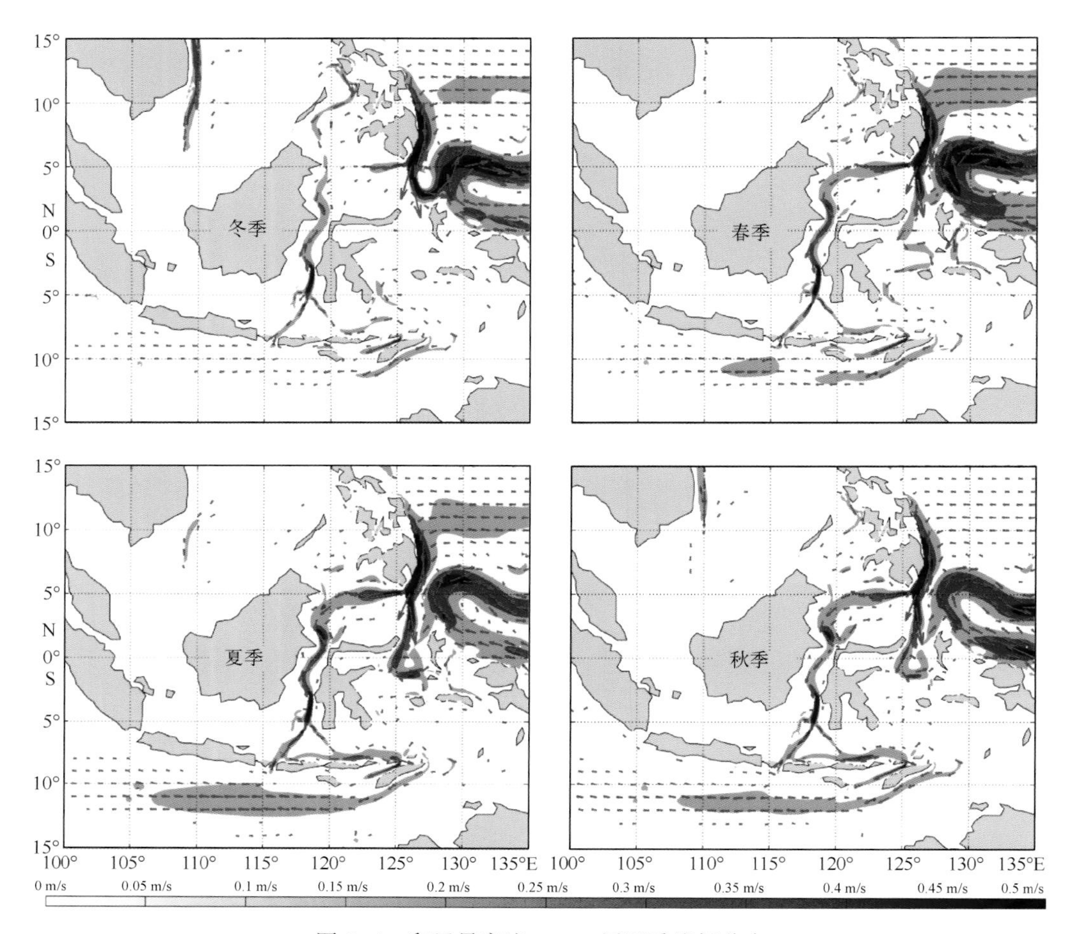

图 2-6　印尼贯穿流 109 m 层逐季流场分布

到夏季，南海贯穿流北向的流动开始出现，流速大小不超过 0. 3 m/s。到秋季，向南流动的南海贯穿流再次出现。

2. 2. 3　年际变化

通过比较不同年份印尼海域 109 m 层逐年流场的空间分布(图 2-7)，可以发现以下变化。

在大部分年份里，存在于越南东侧南海海域的南海贯穿流呈现为南向流动，流轴处的流速在 0. 45～0. 5 m/s。在马鲁古海峡和哈马黑拉海峡流速较小(0. 1～0. 15 m/s)，马鲁古海峡的下游位置(1°S，126°E)存在气旋式环流。

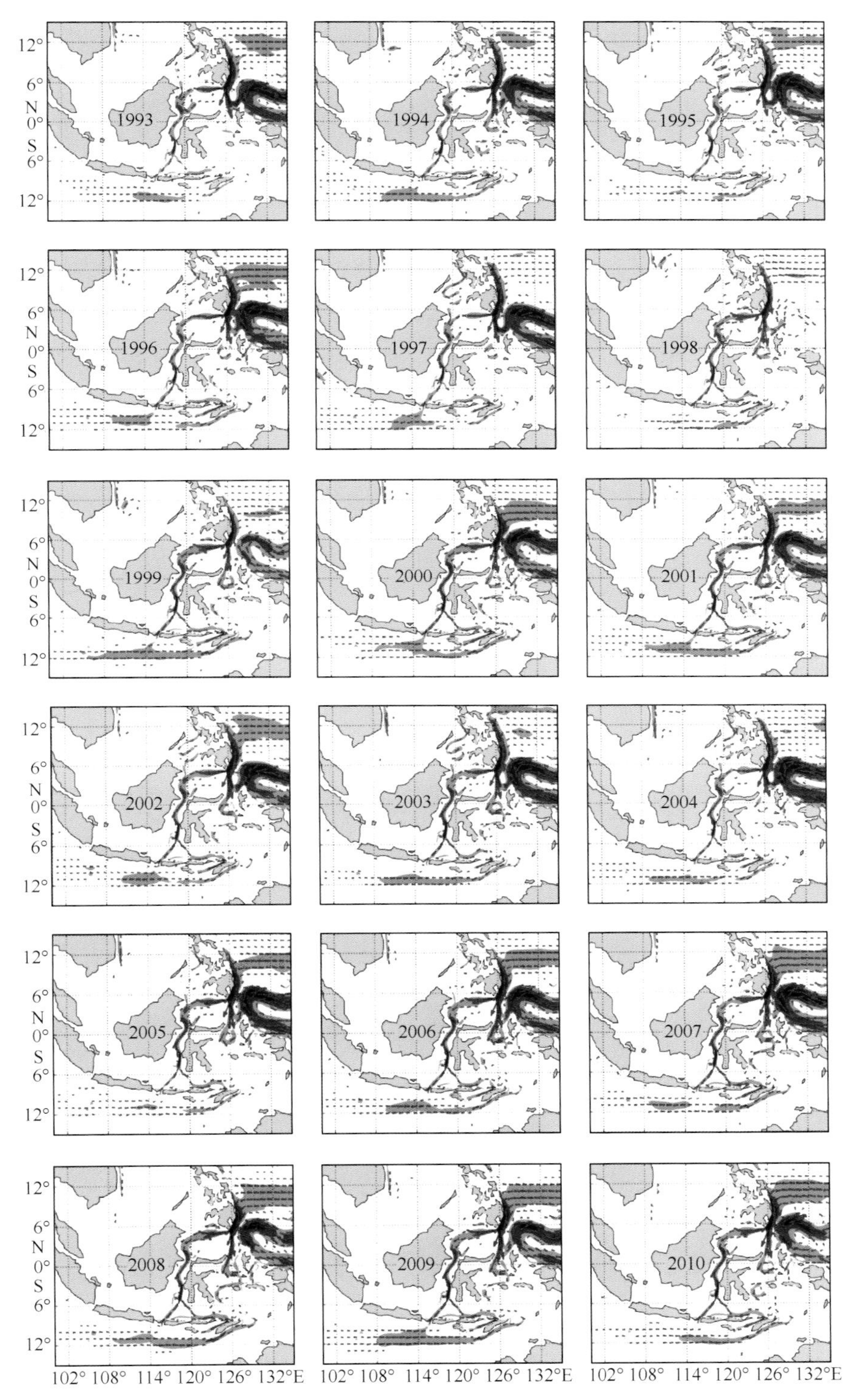

图 2-7 1993—2019 年印尼贯穿流 109 m 层逐年流场分布

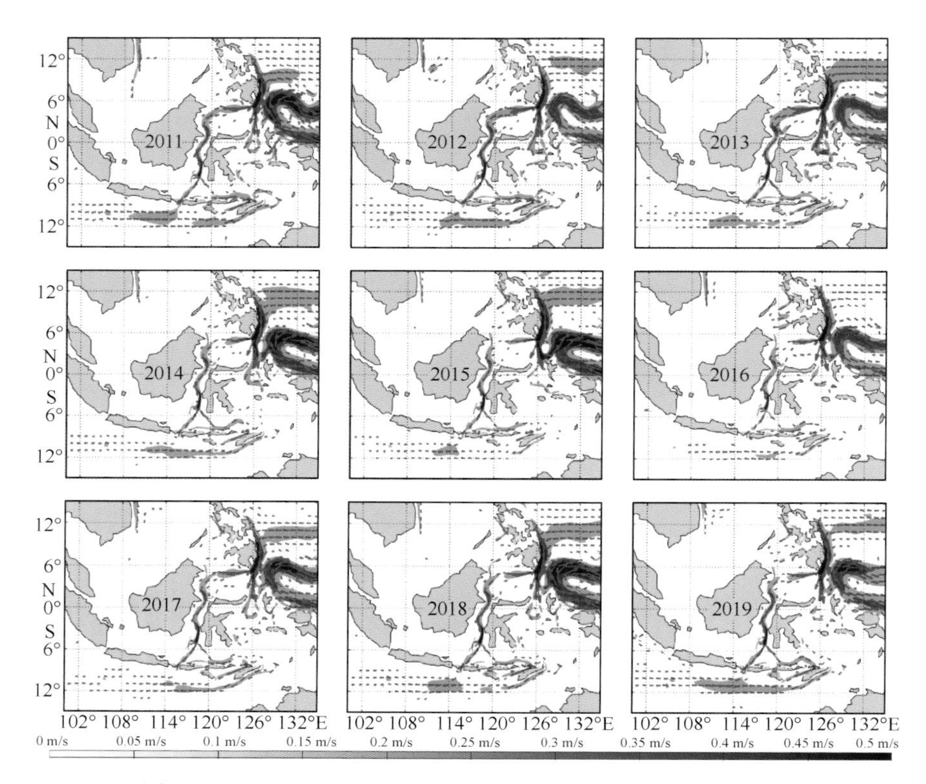

图 2-7　1993—2019 年印尼贯穿流 109 m 层逐年流场分布(续)

印尼贯穿流主要的 3 个流出海峡(龙目海峡、巽他海峡以及帝汶通道)保持较为稳定的西南向流动，随着年份变化，其影响范围也随之变动。

2.3　中层流场时空变化

2.3.1　月变化

通过分析印尼海域中层(318 m 层)逐月流场的空间分布(图 2-8)，可以发现以下变化。

相比于 109 m 层，在 12 月，318 m 层南海贯穿流的南向流动范围有所减小，流轴位置处的最大流速在 0.15 m/s，流幅很窄。望加锡海峡处的流速相对较强且相对稳定，最大流速可达到 0.25 m/s。其下游向东南方向的流动与流经哈马黑拉海峡、塞兰岛附近海域的下游汇合后从翁拜海峡以及帝汶通道处蜿蜒流入印度洋，在流出的海峡通道处，最大流速可以达到 0.25 m/s。

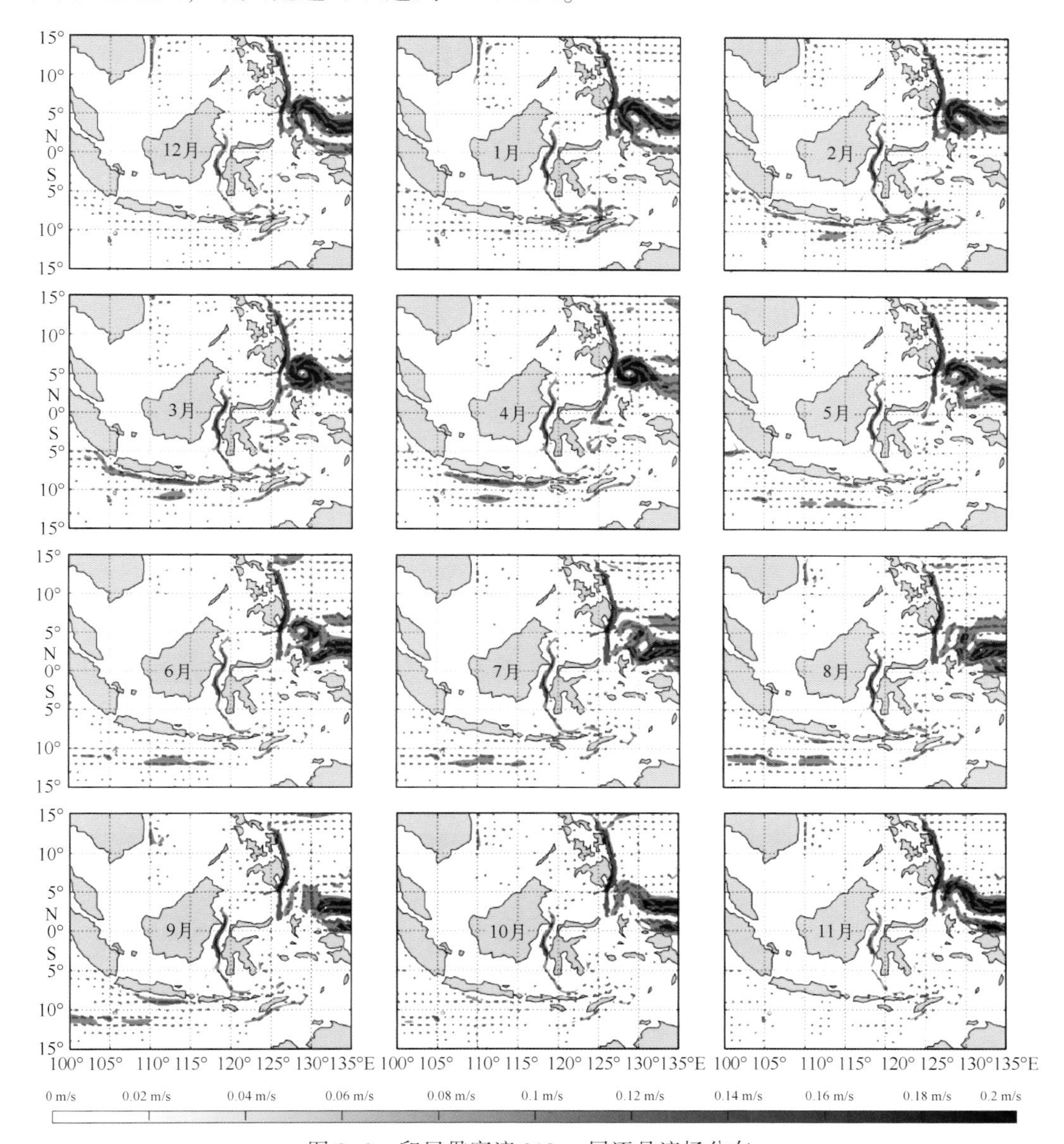

图 2-8　印尼贯穿流 318 m 层逐月流场分布

与 12 月相比，1 月这两个流出海峡通道的西向流速有明显增强。此外，在 1 月，4°N，129°E 位置处存在顺时针的反气旋式环流，由于其位置是在北赤道逆流位置，最大流速可超过 0.3 m/s。

在 2—7 月，该位置处的反气旋式环流一直存在且在 3 月达到最强，在 8 月逐渐消失。从 1 月到 5 月，南海贯穿流的南向流动逐渐减弱直至消失。在 6 月，南海区域内出现了流速小于 0. 05 m/s 的北向流。在 2—9 月，两个流出海峡通道的流动保持相对稳定。从 10 月到 11 月，两个流出海峡通道的流动逐渐减弱。从 7 月到 11 月，向南流动的南海贯穿流再次出现并不断增强。

2. 3. 2 季节变化

通过分析印尼海域中层(318 m 层)逐季的流场分布(图 2-9)，并结合逐月流场变化规律，可以发现以下变化。

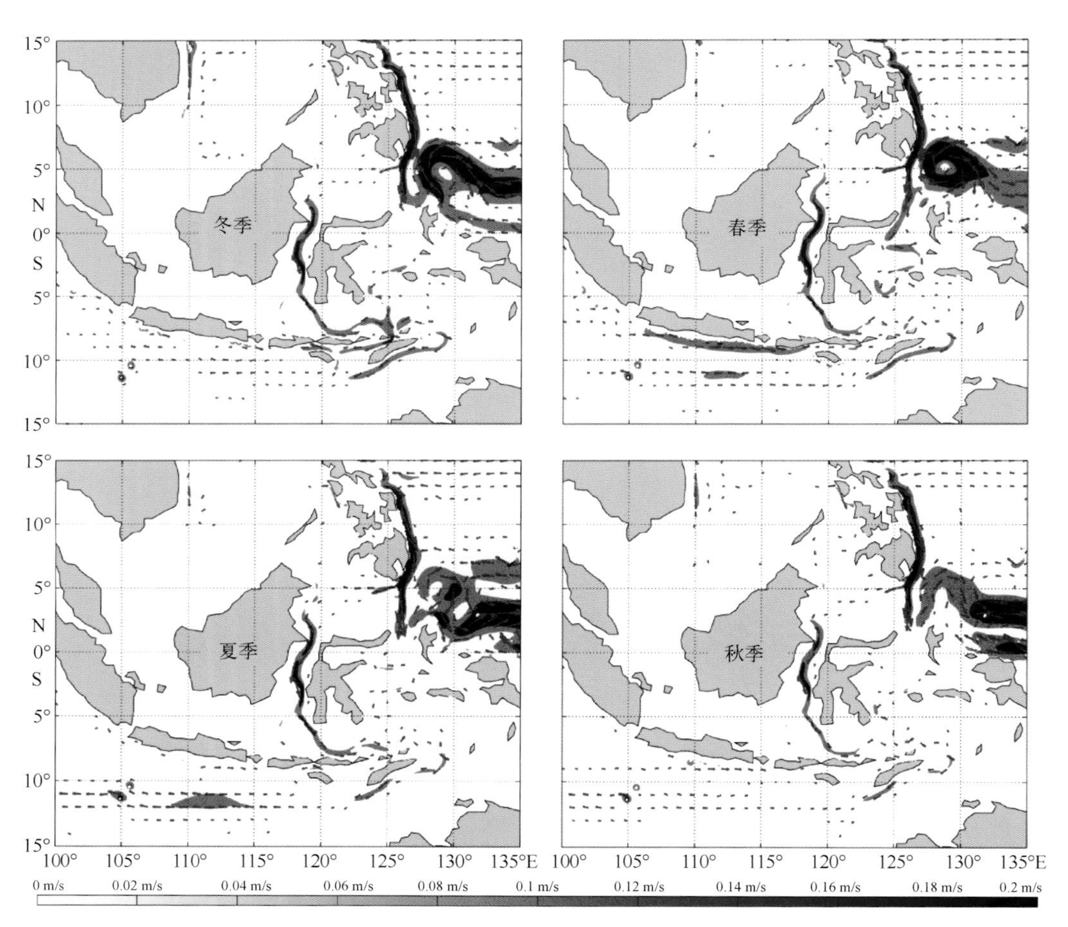

图 2-9　印尼贯穿流 318 m 层逐季流场分布

在冬季，南海贯穿流的南向流动范围较小，流轴位置处的最大流速不超过 0. 15 m/s，流幅很窄。在春季，南海贯穿流南向流几近消失。在夏季，南海区域内出现了流速小于 0. 05 m/s 的北向流。到秋季，向南流动的南海贯穿流再次出现。

望加锡海峡处的流速相对较强且流轴稳定，最大流速可达到 0.25 m/s。其下游向东南方向的流动与流经哈马黑拉海峡、塞兰岛附近海域的下游汇合后从翁拜海峡以及帝汶通道处蜿蜒流入印度洋。

在冬季，流出的海峡通道处的最大流速可以达到 0.25 m/s。两处海峡通道处的流动分别在春季和夏季达到最大，在秋季明显减弱。

此外，4°N，129°E 位置处存在反气旋式环流，最大流速可超过 0.3 m/s，在春季达到最强，在冬季消失。

2.3.3　年际变化

通过比较不同年份印尼海域中层（318 m 层）逐年流场的空间分布（图 2-10），可以发现以下变化。

望加锡海峡常年保持着稳定的南向流动，最大流速可超过 0.25 m/s。在大多数年份里，4°N，129°E 位置处常存在反气旋式环流，并且其流速最大超过 0.2 m/s。翁拜海峡以及帝汶通道两处流出通道常年保持着 0.1~0.15 m/s 的西南向流动。

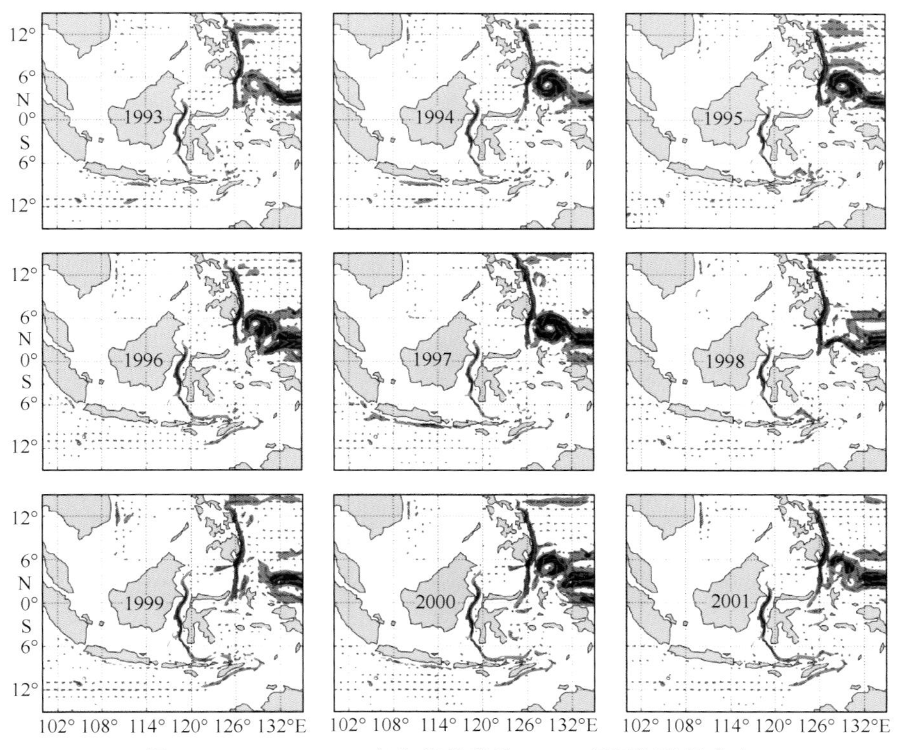

图 2-10　1993—2019 年印尼贯穿流 318 m 层逐年流场分布

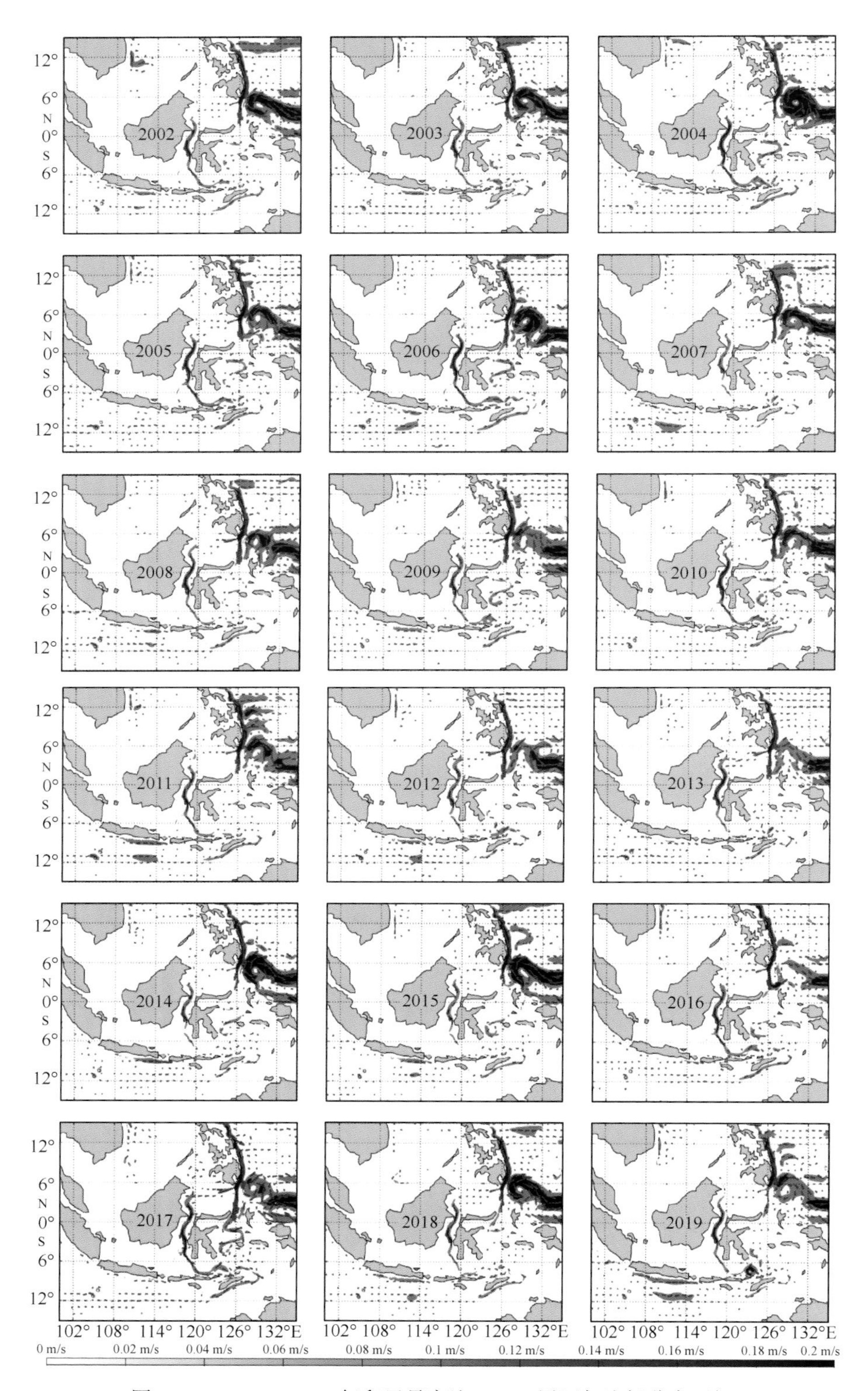

图 2-10　1993—2019 年印尼贯穿流 318 m 层逐年流场分布(续)

2.4　深层流场时空变化

2.4.1　月变化

在分析印尼贯穿流流场时空变化特征时，主要关注 CMEMS 再分析数据的标准 50 个垂直分层下为再分析数据的 1 062 m、1 684 m 层的流场时空分布。

(1)通过分析印尼海域 1 062 m 层逐月流场(图 2-11)，可以发现如下变化。

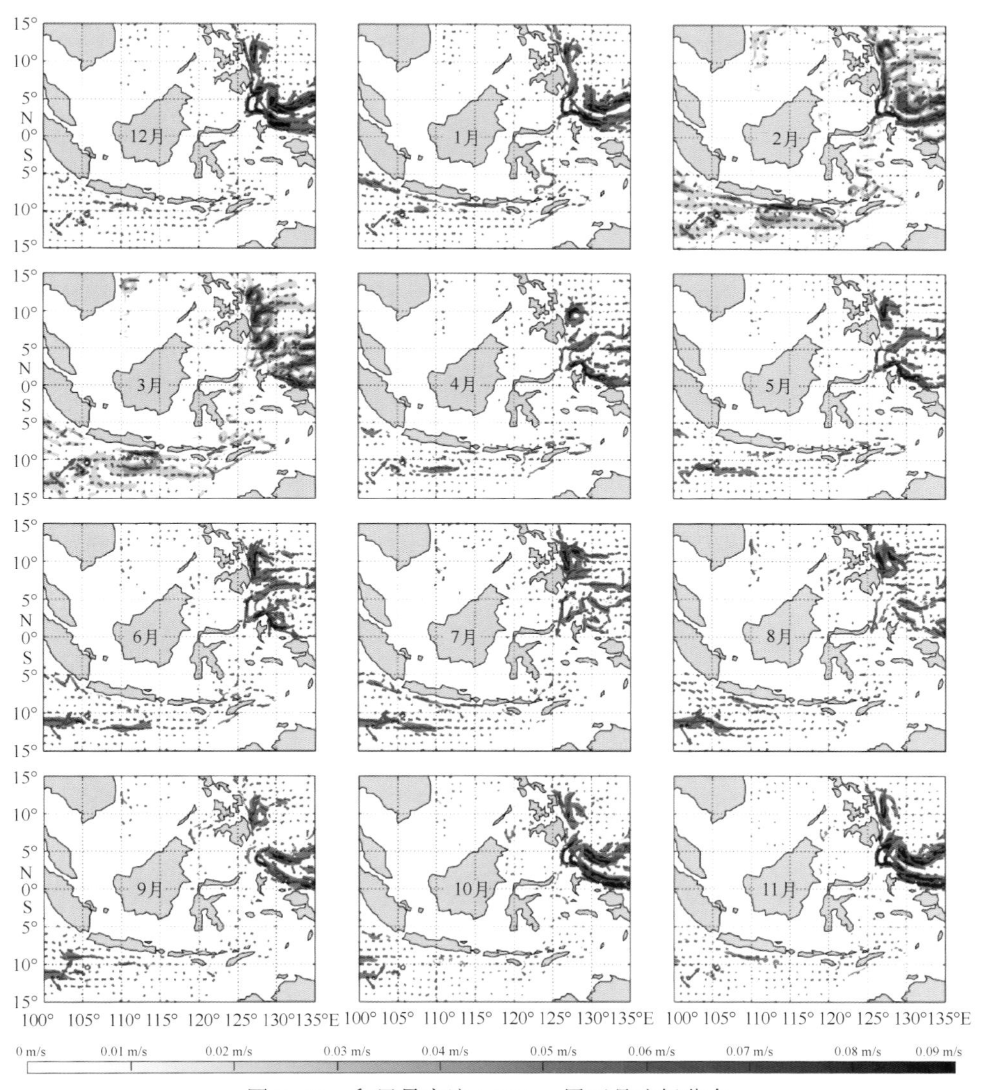

图 2-11　印尼贯穿流 1 062 m 层逐月流场分布

棉兰老流和北赤道逆流两个强劲的流系在 1 000 m 以深仍然保持着 0.2 m/s 以上的流速。望加锡海峡在此深度处的流速接近于 0 m/s。棉兰老岛东侧海域存在流速为 0.05 m/s 的反气旋式环流，其中心位置大致在 12°N，127°E。

值得注意的是：翁拜海峡和帝汶通道两处流出通道的平均流速和影响范围具有一定的时间尺度变化特征。在 12 月平均流速相对较大，基本保持在 0.04 m/s 的水平。从 1 月到 3 月，这两处海峡通道处的平均流速有小幅度的不断增大，其流向印度洋的影响范围也不断扩大。从 4 月到 6 月，流速不断减小并在 7—10 月区域平均流速降低到 0.01 m/s 水平。在 11 月，这两处海峡通道的平均流速有所增加。

(2)通过分析印尼海域 1 684 m 层逐月流场(图 2-12)，可以发现以下变化。

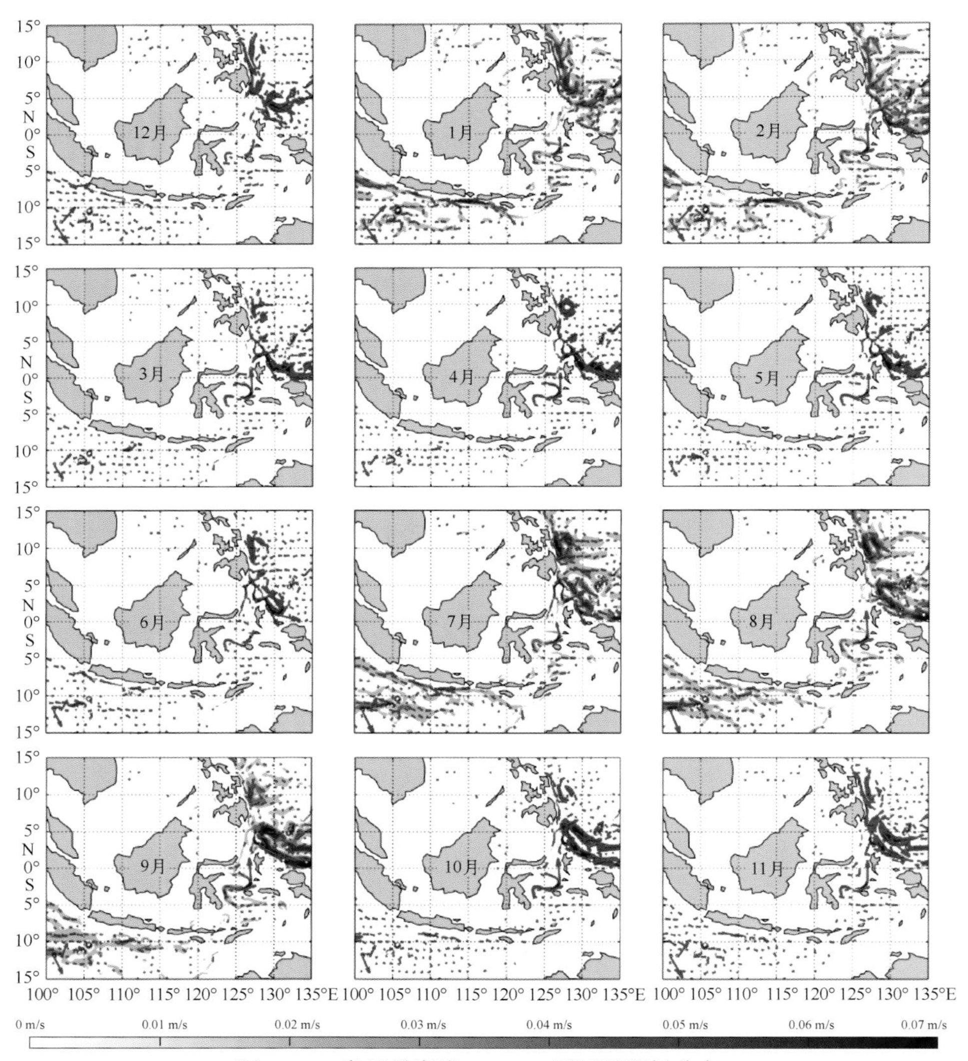

图 2-12　印尼贯穿流 1 684 m 层逐月流场分布

棉兰老岛东侧海域常年存在流速为 0.04 m/s 的反气旋式环流，其中心位置大致在 12°N，127°E。

印尼海域的连接北印度洋一侧存在明显的东向流，下面对其进行分析。

在 3—6 月、10—12 月，北印度洋的平均流速和流速在 0.04 m/s 以上的范围相对较小。当北印度洋处平均流速和流速在 0.04 m/s 以上的范围较大时，西太平洋的流速在 0.04 m/s 以上范围也相对较大。

此外，塞兰岛附近海域处存在北向流，最大流速在 0.07 m/s 左右，并且在 2—5 月以及 8—11 月流速最大。

2.4.2　季节变化

(1)通过分析印尼海域 1062 m 层逐季流场(图 2-13)，可以发现以下变化。

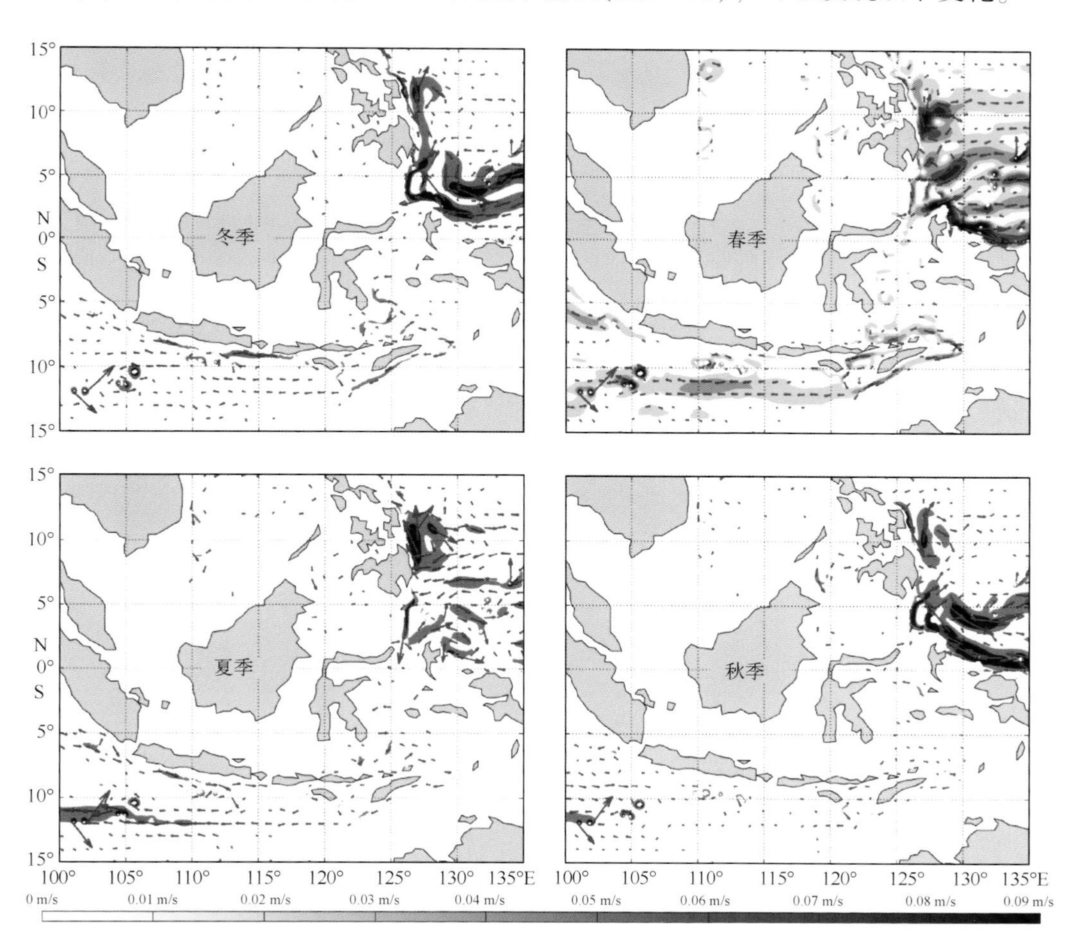

图 2-13　印尼贯穿流 1 062 m 层逐季流场分布

从冬季到春季，翁拜海峡和帝汶通道两处流出通道的平均流速和影响范围不断增大，在春季达到最大。春季到夏季，这两处通道的平均流速和影响范围迅速减小。棉兰老岛东侧海域的反气旋式环流在夏季达到最强，春季次之，冬季再次，秋季几乎消退。

(2)通过分析印尼海域1 684 m层逐季流场(图2-14)，可以发现以下变化。

从冬季到春季，北印度洋处东向的流动减弱，平均流速不断减小，在春季达到最小。春季到夏季，该处的东向流动又有了一定的增强。在冬季和夏季，苏门答腊岛、爪哇岛及向东侧的一系列岛屿南侧海域的流动比较明显，其平均流速可达0.03 m/s。在秋季，这种现象又有了一定的减弱。

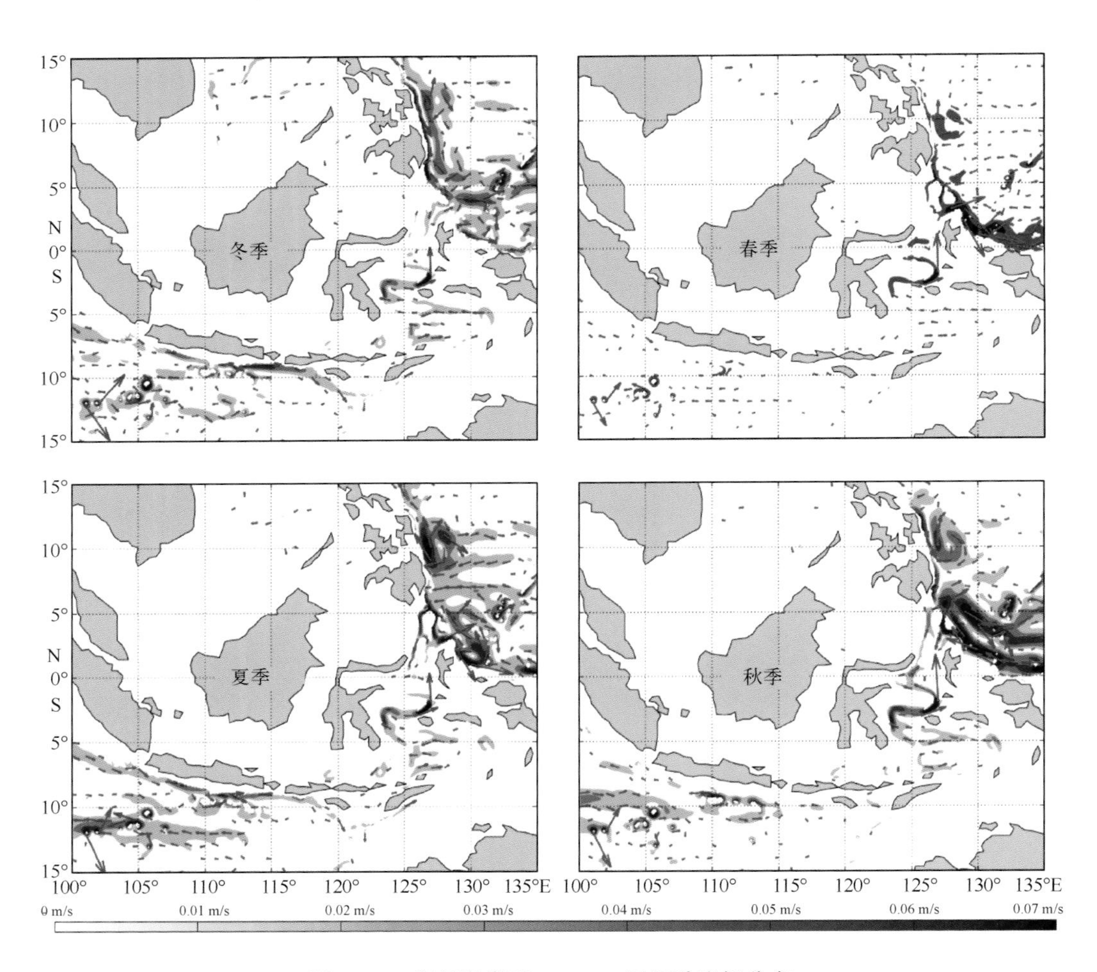

图2-14　印尼贯穿流1 684 m层逐季流场分布

棉兰老岛东侧海域的反气旋式环流在夏季达到最强，秋季次之。利法马托拉海峡处存在着最大流速在 0.07 m/s 的北向流动，且流速在秋季达到最大，春季次之。

2.4.3　年际变化

(1)通过分析印尼海域 1 062 m 层逐年流场的分布(图 2-15)，可以发现以下变化。

在大部分的年份里，棉兰老岛东侧海域的反气旋式环流，流速可以达到 0.08 m/s，中心位置大致在 12°N，127°E 并有一定的年际变化。

值得注意的是：翁拜海峡和帝汶通道两处流出通道的平均流速和影响范围具有一定的年际尺度变化特征。在一些年份里(1994 年，2001 年，2002—2004 年，2007 年，2009 年，2014 年以及 2019 年)，上述两处海峡通道的平均流速和影响范围比较显著。

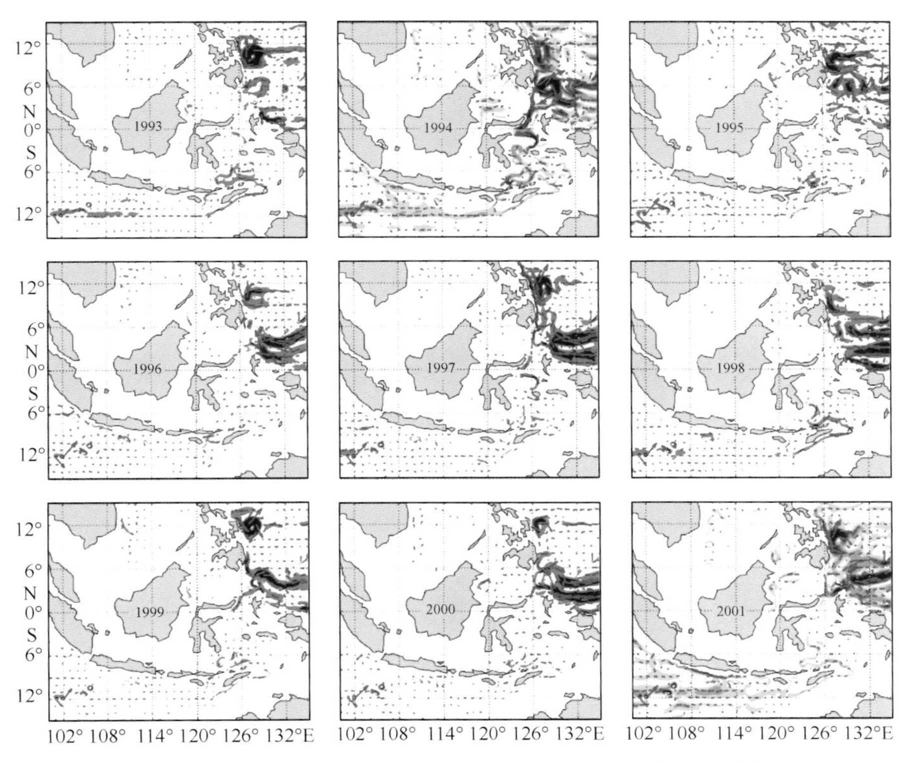

图 2-15　1993—2019 年印尼贯穿流 1 062 m 层逐年流场分布

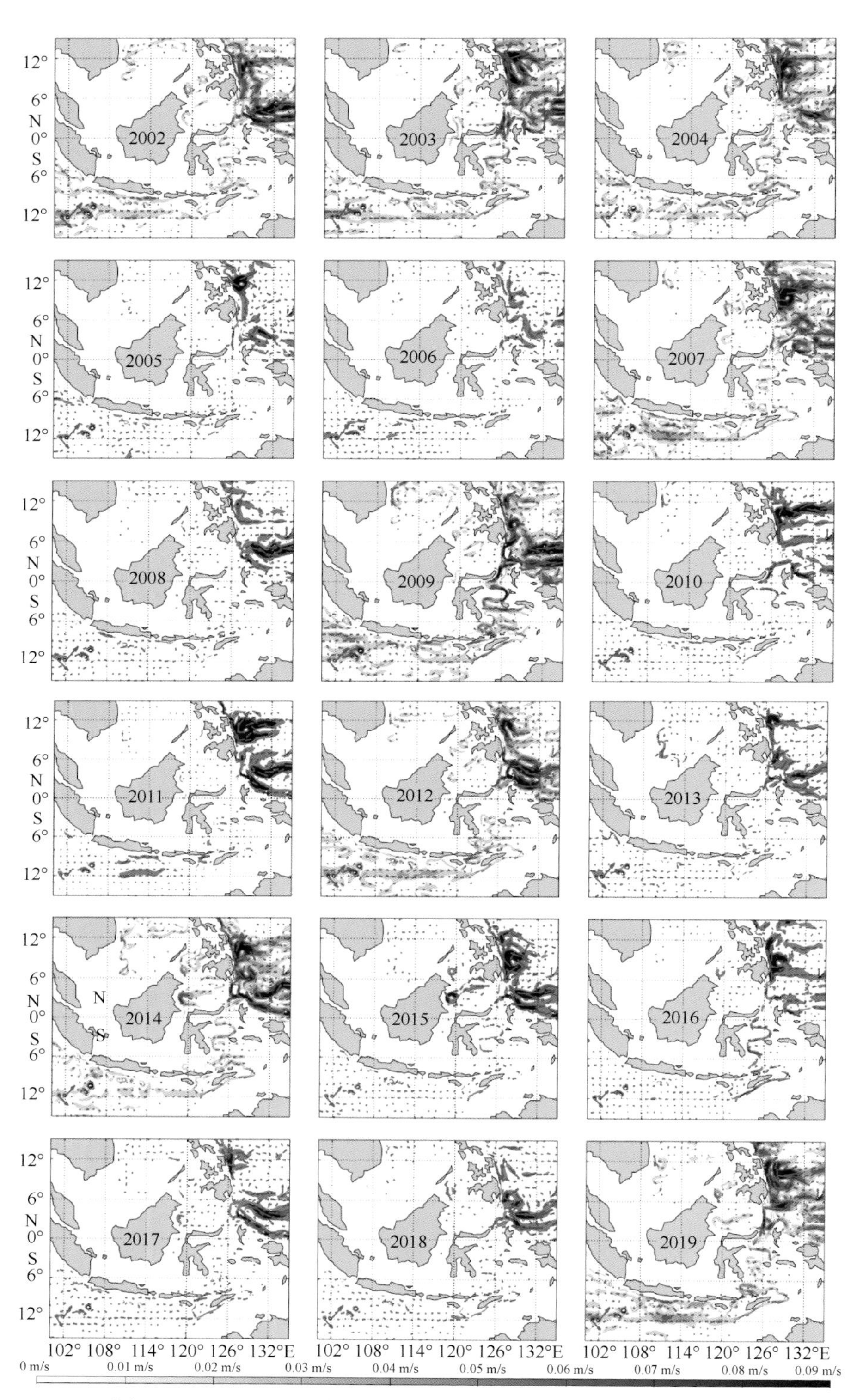

图 2-15　1993—2019 年印尼贯穿流 1 062 m 层逐年流场分布(续)

(2)通过分析印尼海域 1 684 m 层逐年流场的分布(图 2-16),可以发现以下变化。

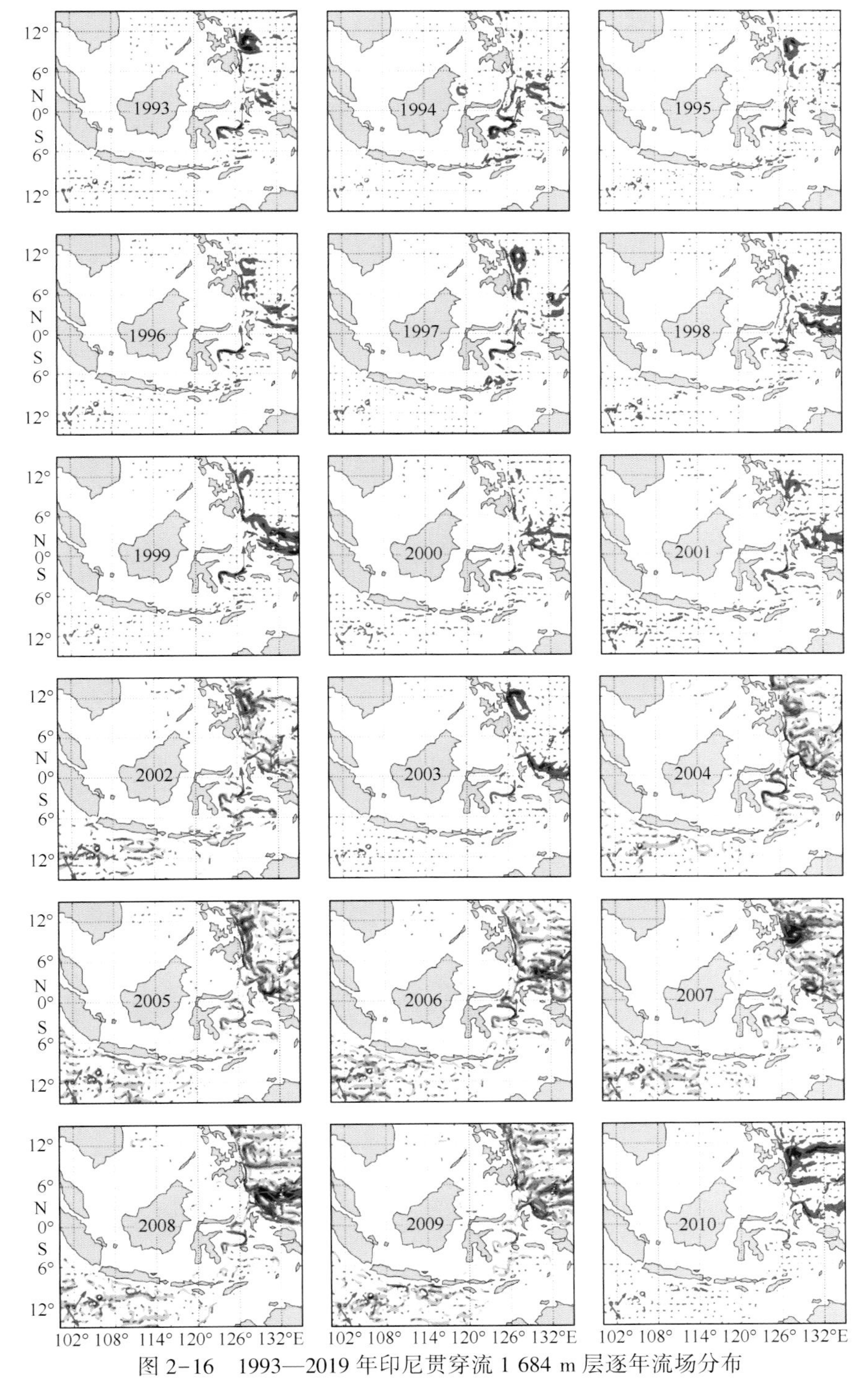

图 2-16 1993—2019 年印尼贯穿流 1 684 m 层逐年流场分布

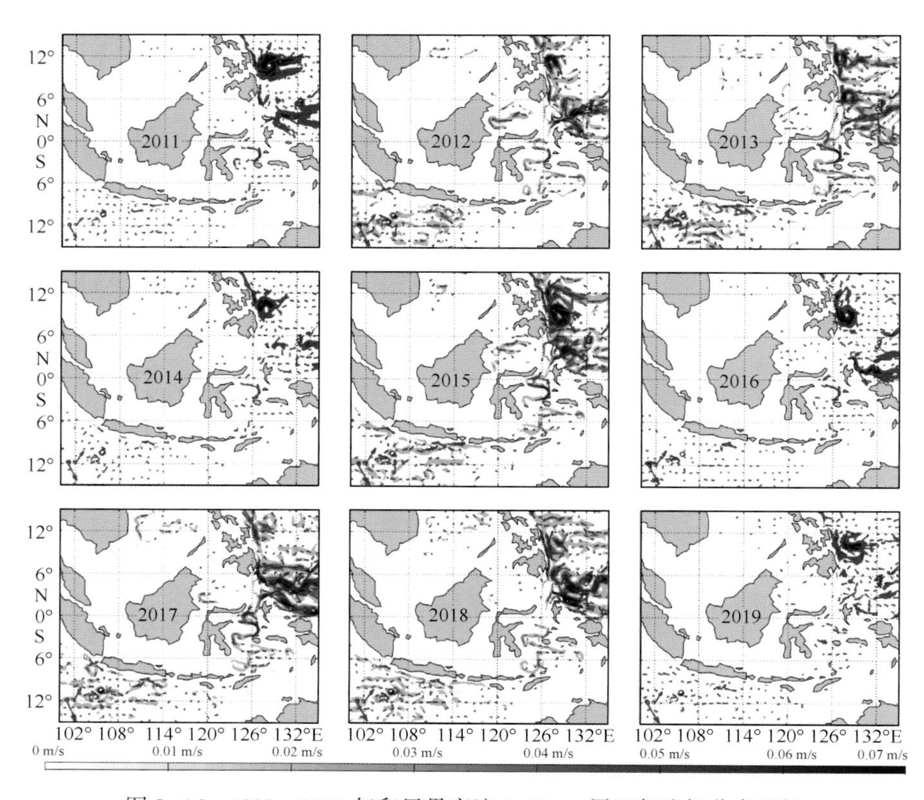

图 2-16　1993—2019 年印尼贯穿流 1 684 m 层逐年流场分布(续)

在大部分年份里，棉兰老岛东侧海域存在反气旋式环流，流速最大可达 0. 07 m/s，中心位置大致在 12°N，127°E。在 2007 年、2011 年以及 2015 年，反气旋式环流的流速和范围都比较大。塞兰岛附近海域处存在着的北向流动，最大流速在 0. 07 m/s 以上，且其流速随着年份的增加有降低的变化趋势。在 2018—2019 年，塞兰岛附近海域处的北向流动几乎不复存在。

在一些年份里(2002 年，2004—2009 年，2012—2013 年，2015 年，2017—2018 年)，北印度洋处的平均流速和 0. 04 m/s 以上范围比较显著。在这些年份里，西太平洋流系的流速也比其他年份强。

2.5　小结

本节综合利用观测数据和再分析数据，通过绘制不同时间尺度以及空间尺度的流场，对印尼海域流场进行了时空变化特征研究。研究结果表明：

平均 SLA 存在较大的年际增长趋势，增长率达到 0.364 cm/a。在印尼贯穿流 4 个主要流出海峡及其延伸处，SLA 的逐月升降变化与再分析数据所得流场符合较好。流场的分布也能够很好地解释气旋式环流导致的中心海表面高度降低现象以及泰国湾处的海水堆积现象。

印尼海域中上层流场有明显的月和季节变化特征，具体体现在南海贯穿流流向的变化。在中上层，南海贯穿流向南流动在冬季最盛，春季减弱。在夏季，南海贯穿流为北向流动。在秋季，南海贯穿流又为向南流动。望加锡海峡流动较为强劲，在中上层最大流速超过 0.5 m/s。在表层，印尼贯穿流 4 个主要流出海峡在夏季达到最盛。在次表层，龙目海峡、巽他海峡和帝汶通道 3 个海峡的流动冬季较弱，夏季最盛。马鲁古海峡下游位置(1°S，126°E)存在气旋式环流，最大流速达 0.35 m/s，并在夏季达到最强。在中层，翁拜海峡和帝汶通道处的流速在冬季最大，4°N，129°E 处存在的反气旋式环流最大流速超过 0.3 m/s。在深层，棉兰老岛东侧海域存在反气旋式环流(中心位置大致在 12°N，127°E)，流速在 1 062 m 层和 1 684 m 层分别为 0.05 m/s、0.04 m/s。

第3章 印尼贯穿流时空变化特征

3.1 印尼贯穿流海峡通道流速剖面变化特征

3.1.1 流入

图3-1和图3-2分别显示了望加锡海峡北向和东向以及整体的流速剖面月变化，通过分析不难发现：在全年，除剖面的西部海域的30 m层以上存在着东南向的流动外，望加锡海峡其他海域都为西南向的流动。在12月至翌年3月、5—6月以及9—11月，望加锡海峡剖面存在较为明显的流核结构。在12月，流核位置在110~220 m的范围内，其流速最大值为0.27 m/s。其中西向分量流核偏上在100~150 m的范围内，流速为0.12 m/s；南向分量流核偏下在120~220 m的范围内，流速为0.23 m/s。

从1月到3月，流核位置处的流速增大，并且其位置上移。在3月，流核位置大致在100 m层，流速达到了0.34 m/s。在4月，流核位置上升直至表层，最大流速达到了0.38 m/s。从5月到6月，流核位置下降，其位置范围基本在10~110 m。在6月，最大流速达到了0.52 m/s。从7月到9月，流核位置逐渐上升直至表层，剖面的平均流速逐渐增大。在9月，最大的流速达到了0.67 m/s。在8—9月，200~270 m层逐渐产生了强度不大的流核。在10—11月，流核位置逐渐上升。同时，流速逐渐减小，流核范围逐渐增大。

图3-3和图3-4分别显示了卡里马塔海峡北向和东向流速剖面月变化。在图3-3(a)中表示的为流动的东向分量，其中大于0的部分为东向流动。同样，在图3-3(b)中表示的为流动的北向分量，其中大于0的部分为北向流动。在图3-4中，小于0表示为西南向流动，即流向爪哇海海域；反之表示为东北向的流动。

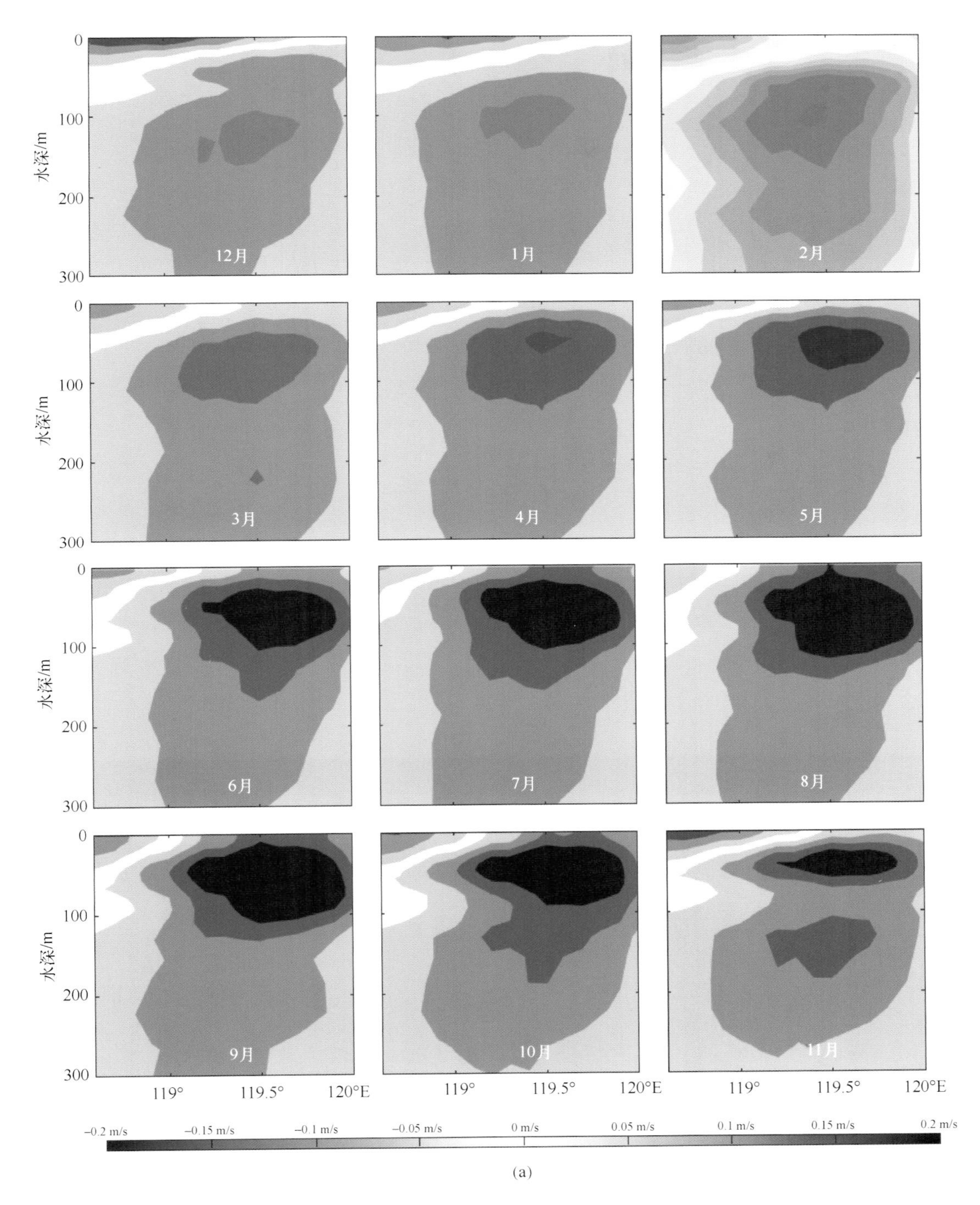

(a)

图 3-1　望加锡海峡北向以及东向流速剖面逐月变化图

(a)东西向的流动；(b)南北向的流动。正值表示东向或北向流动，负值表示西向或南向流动。

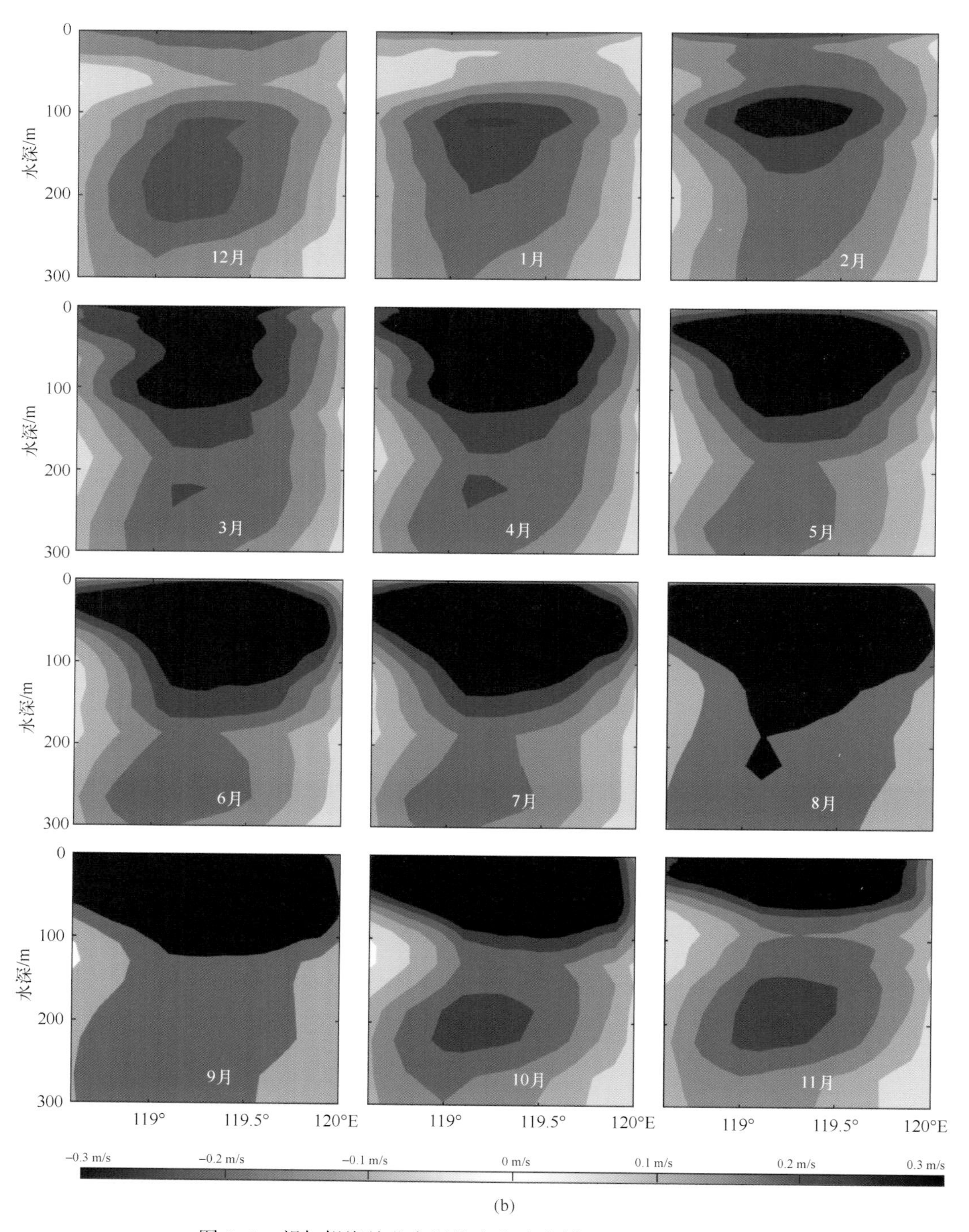

(b)

图 3-1　望加锡海峡北向以及东向流速剖面逐月变化图(续)

(a)东西向的流动；(b)南北向的流动。正值表示东向或北向流动，负值表示西向或南向流动。

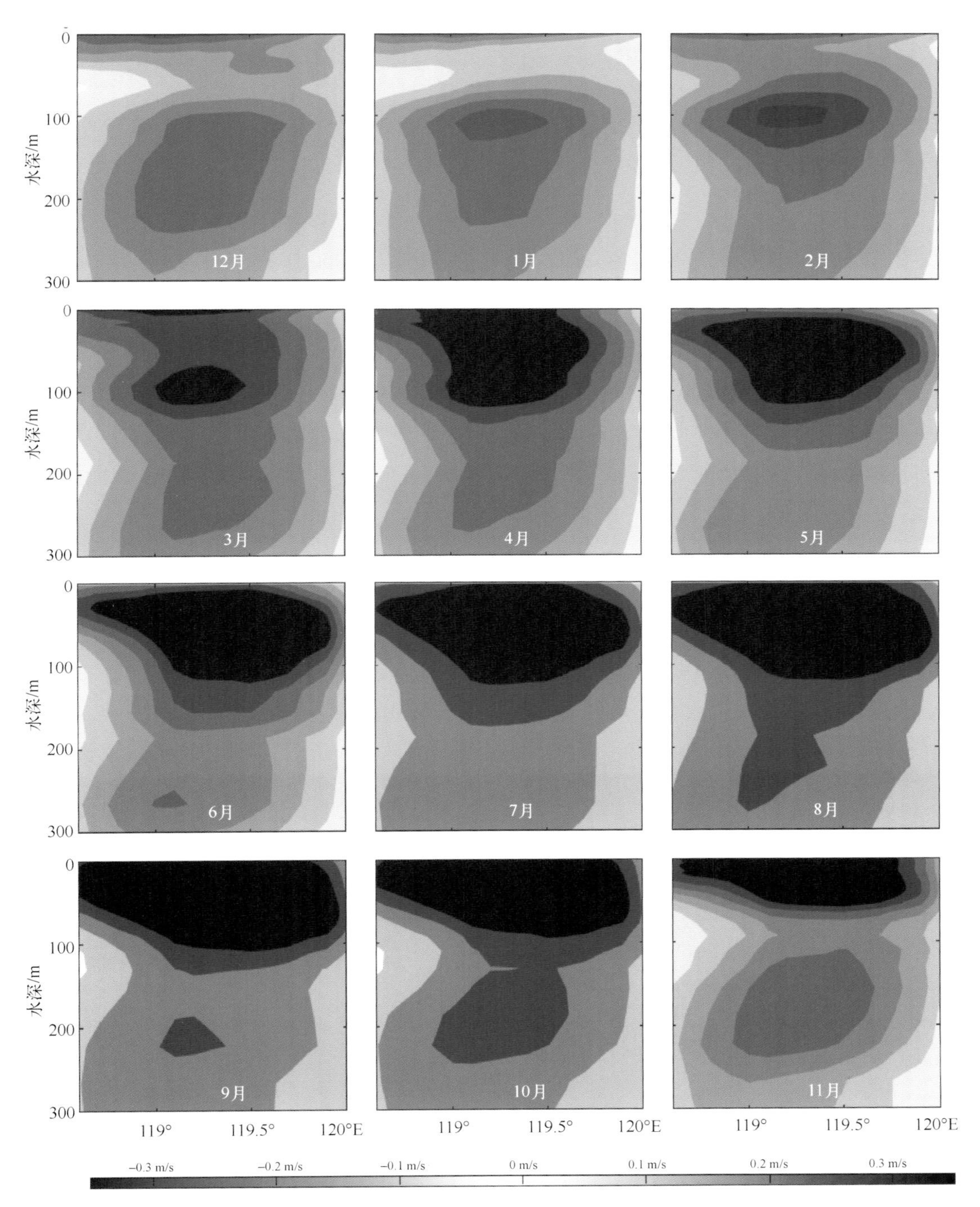

图 3-2 望加锡海峡流速大小剖面逐月变化图

负值表示西南向流动，正值表示东北向流动。

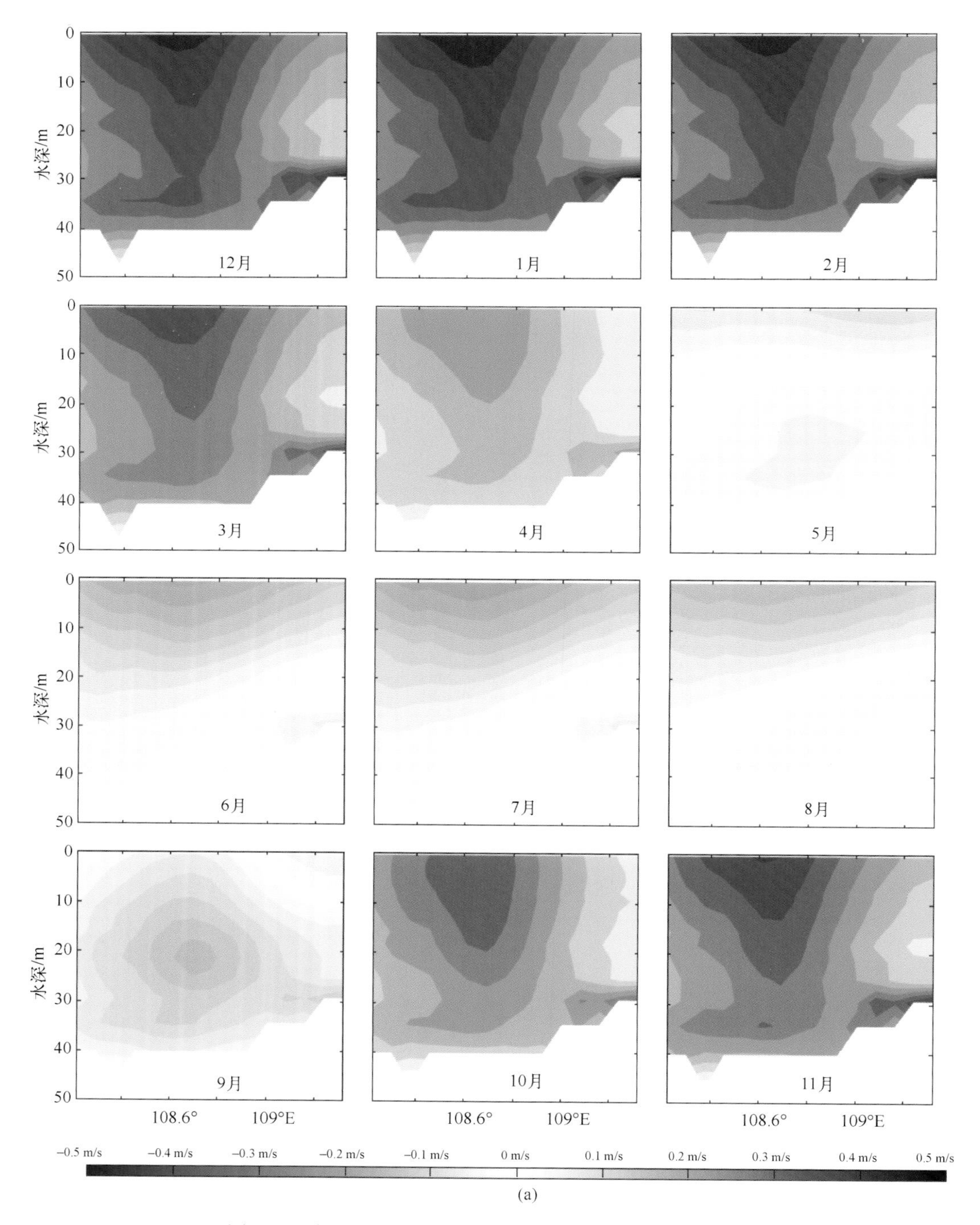

图 3-3　卡里马塔海峡北向以及东向流速剖面逐月变化图

(a)东西向的流动；(b)南北向的流动。正值表示东向或北向流动，负值表示西向或南向流动。

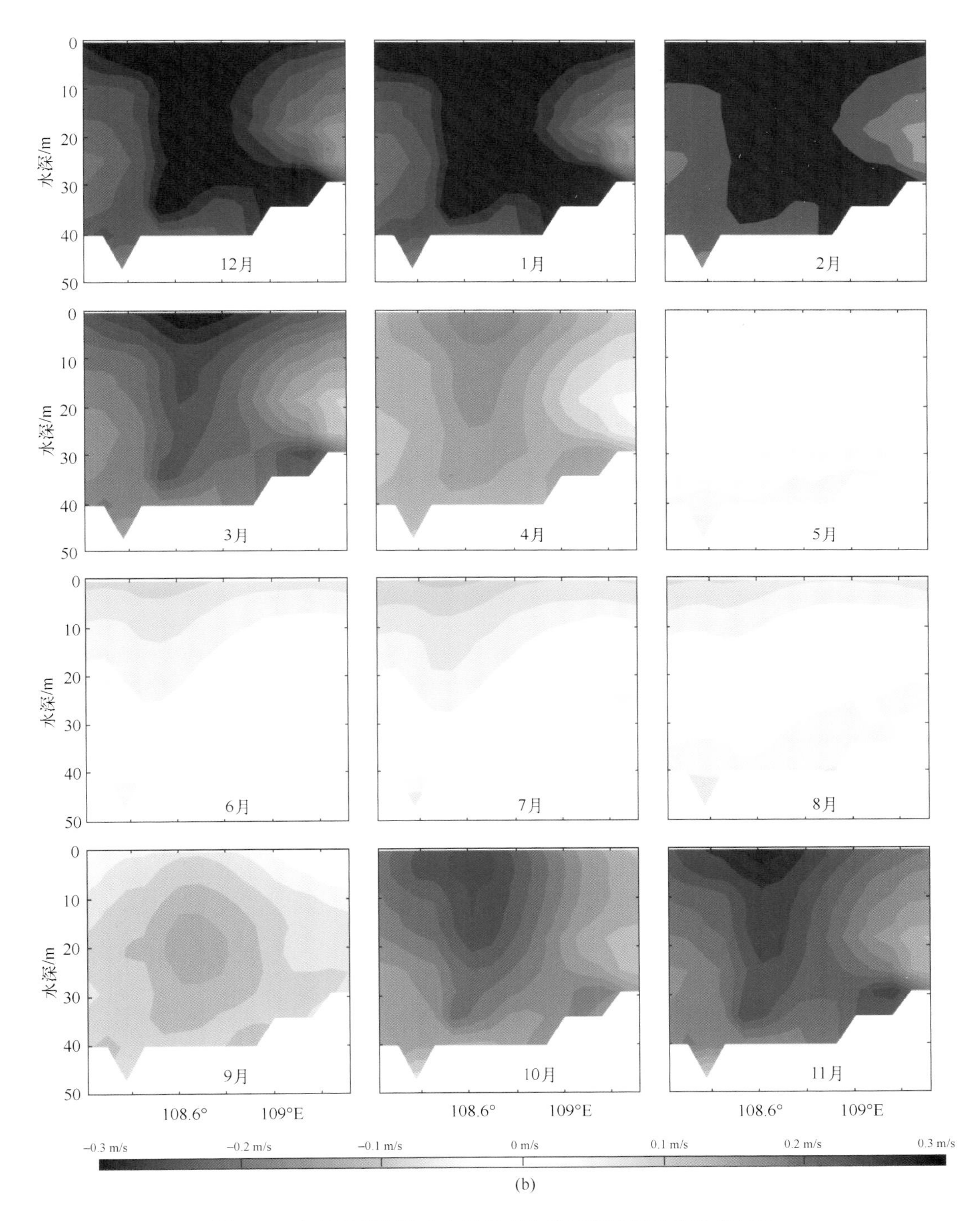

图 3-3　卡里马塔海峡北向以及东向流速剖面逐月变化图(续)

(a)东西向的流动；(b)南北向的流动。正值表示东向或北向流动，负值表示西向或南向流动。

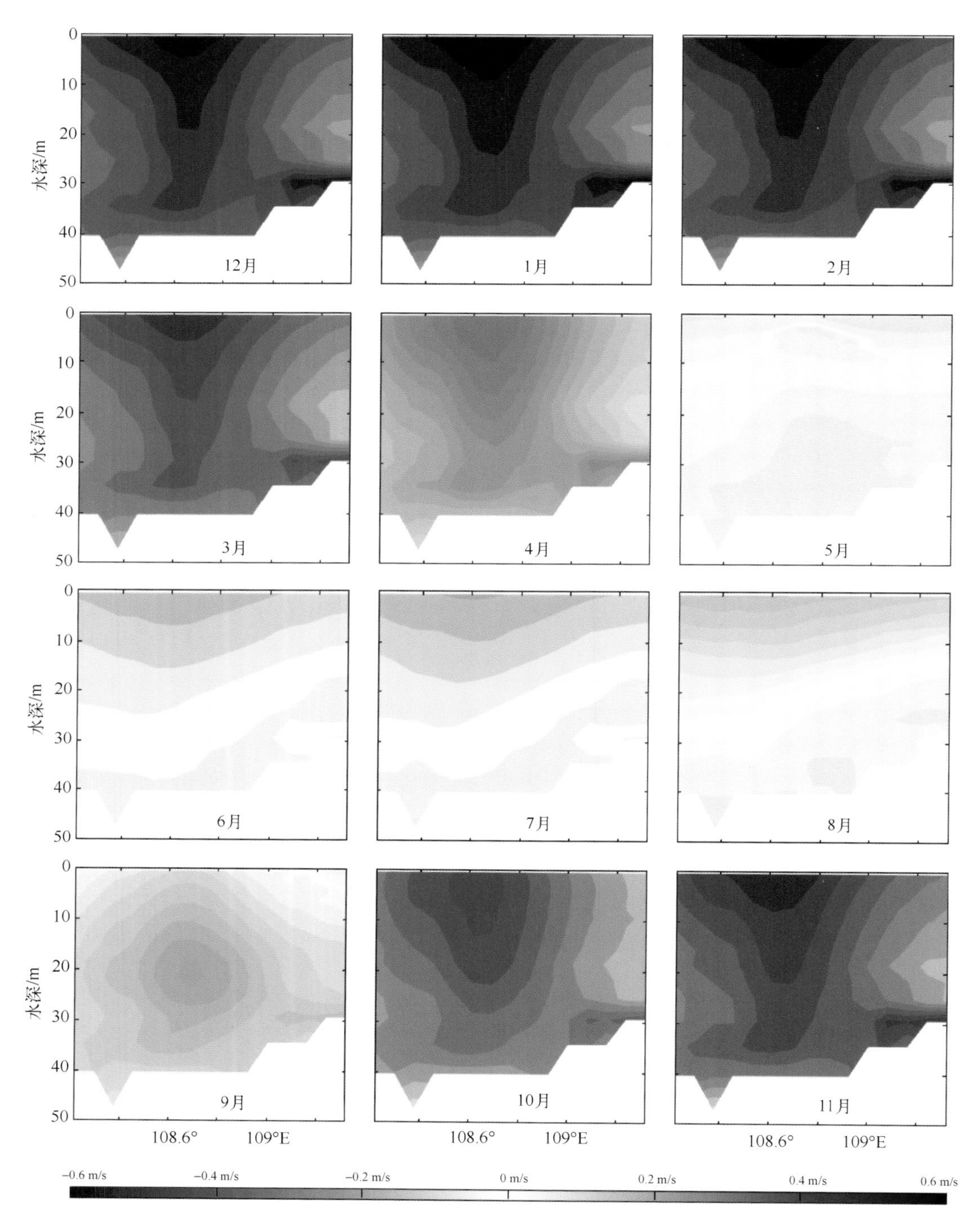

图 3-4　卡里马塔海峡流速大小剖面逐月变化图

负值表示西南向流动，正值表示东北向流动。

通过两组图的对比，可以发现：在 12 月至翌年 2 月，卡里马塔海峡具有很强烈的东南向流动，其最大的东向分量和南向分量的出现位置为海峡截线的中间位置海域并向下延伸一定范围。其分布的规律为以最大流速垂向为轴向两边逐渐减小。在此期间，最大的东向分量和南向分量分别在 0.53~0.55 m/s、0.35~0.38 m/s 的范围内变化，最大流速可以达到 0.63 m/s。其中最大的平均东向和南向流速均出现在 1 月。

从 3 月到 4 月，东向分量和南向分量分布的规律没有变化，但是其流速不断减小，在 4 月，东向分量和南向分量的最大值分别为 0.24 m/s、0.17 m/s。从 5 月到 8 月，剖面流场发生转变。在 5 月，10 m 层以上出现西北向的流动，最大西向和北向流速分别为 0.07 m/s、0.04 m/s。在 20 m 层以下仍然为东南向的流动，最大的东向和南向流速分别为 0.04 m/s、0.05 m/s。同时，大约在 30 m 层出现了东向流的流核。

在 6—8 月，这种上下反转的流场结构进一步增强。在此期间，流场分布规律为靠近加里曼丹岛西南侧海域的 15 m 层向下倾斜到卡里马塔海峡的西南部海域的 30~40 m 层为“静止层”，即流速为 0 m/s，其上为西北向的流动，其下为东南向的流动。西北向的流动仍然是在表层靠近西南侧位置的流速最大，东南向的流动在海峡的最底层存在流速最大值。

在 9 月，剖面海域的中心位置(深度大约在 20 m)处存在着东南向的流核，其东向分量和南向分量最大值分别为 0.15 m/s、0.11 m/s。在 10—11 月，剖面流场的特点与 12 月至翌年 2 月的基本相同。在此期间，流速不断增大。

3.1.2 流出

关于帝汶通道的北向和东向(图 3-5)以及整体(图 3-6)流速剖面月变化，不难发现：由于截取的原因，帝汶通道的偏东南部分存在微弱的北向流动。在全年，绝大部分的剖面所在海域都为西南向的流动。在 12 月至翌年 3 月，10~80 m 层存在着流速为 0.21~0.29 m/s 微弱的流核。在 4—11 月，所截取的海峡剖面中心位置的表层存在流速为 0.48~0.53 m/s 的西南向流动，其中在 5 月西南向的流动最为强劲，并且以此为中心向四周流速逐渐减小。

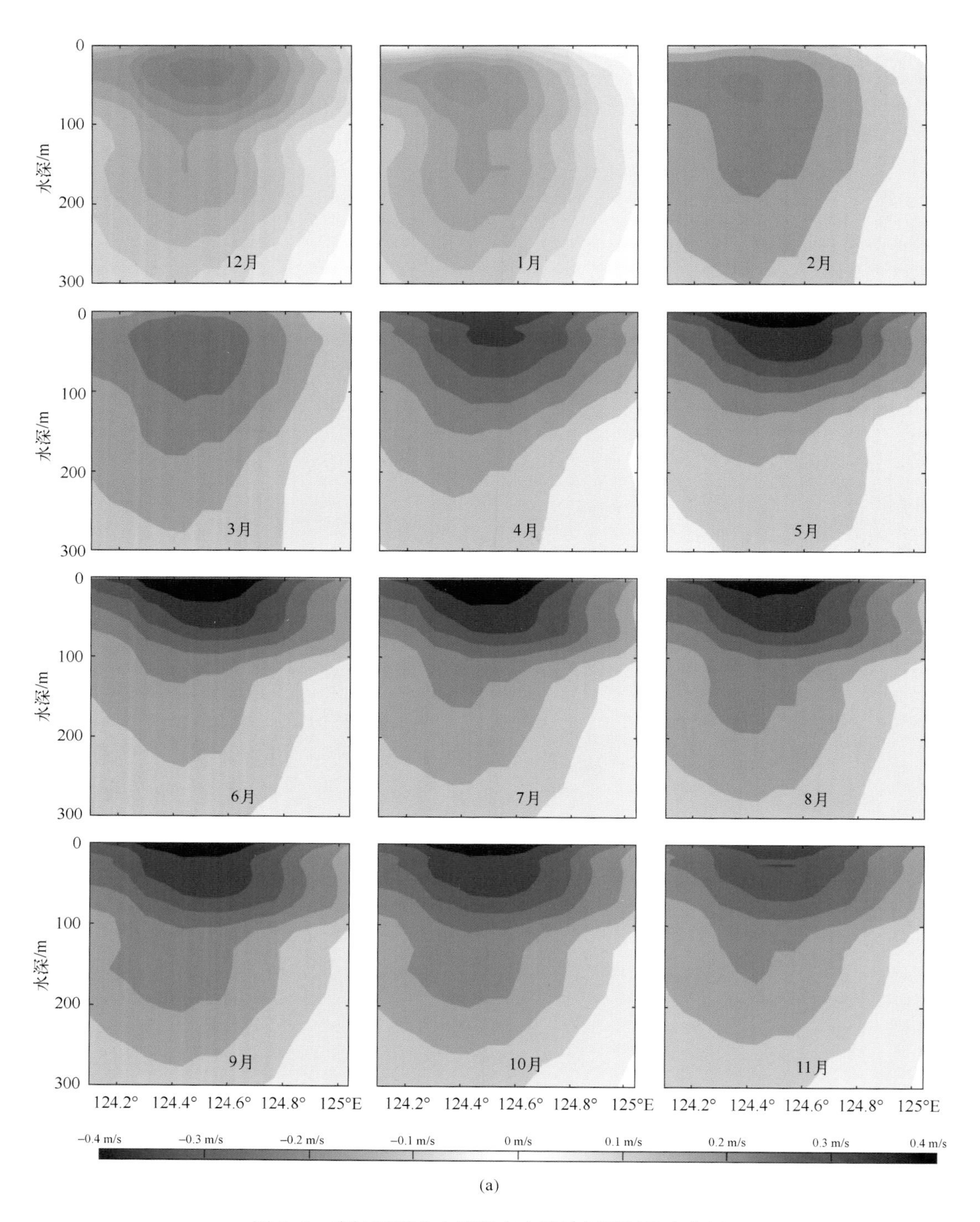

(a)

图 3-5　帝汶通道北向以及东向流速剖面逐月变化图

(a)东西向的流动；(b)南北向的流动。正值表示东向或北向流动，负值表示西向或南向流动。

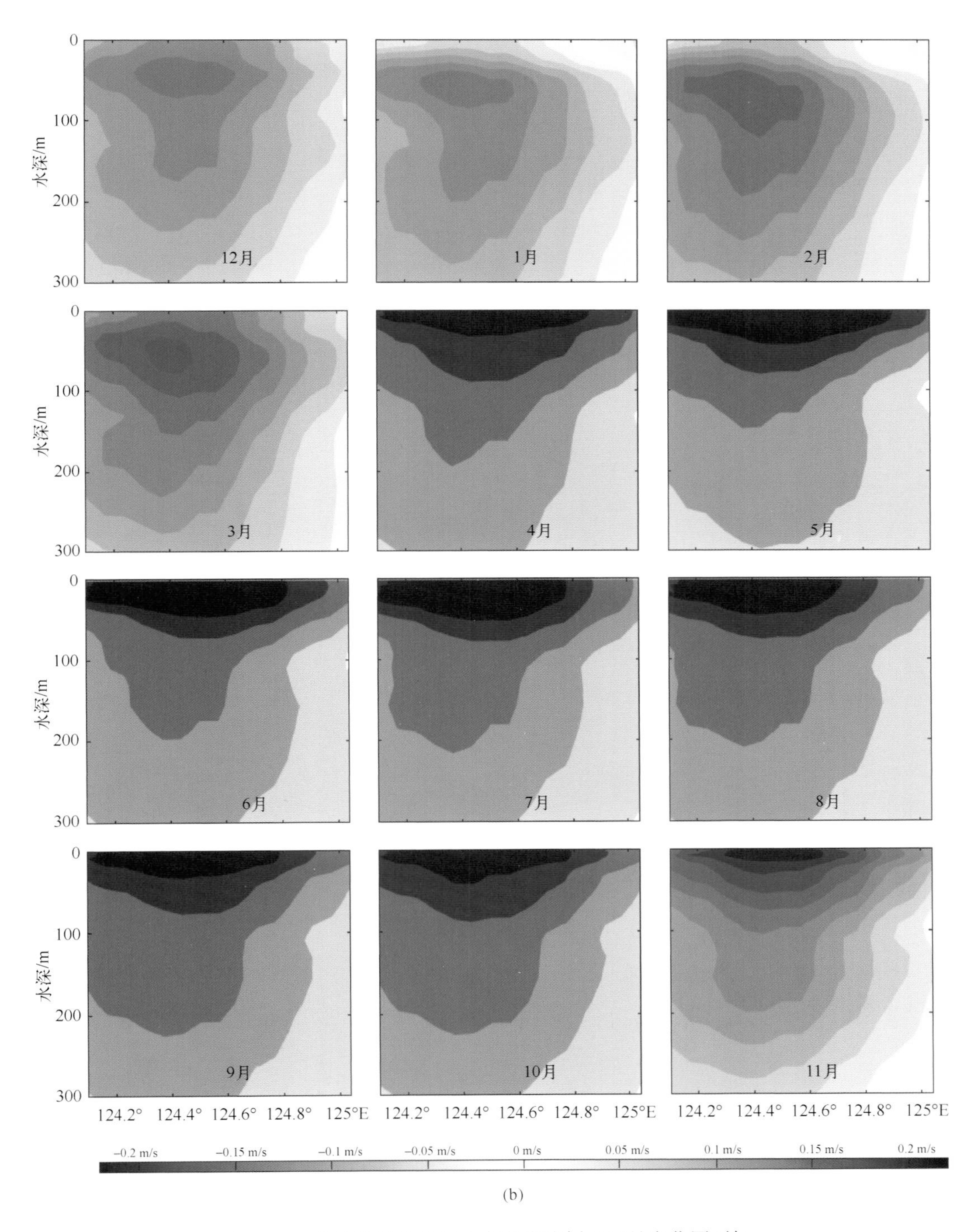

图 3-5　帝汶通道北向以及东向流速剖面逐月变化图(续)

(a)东西向的流动；(b)南北向的流动。正值表示东向或北向流动，负值表示西向或南向流动。

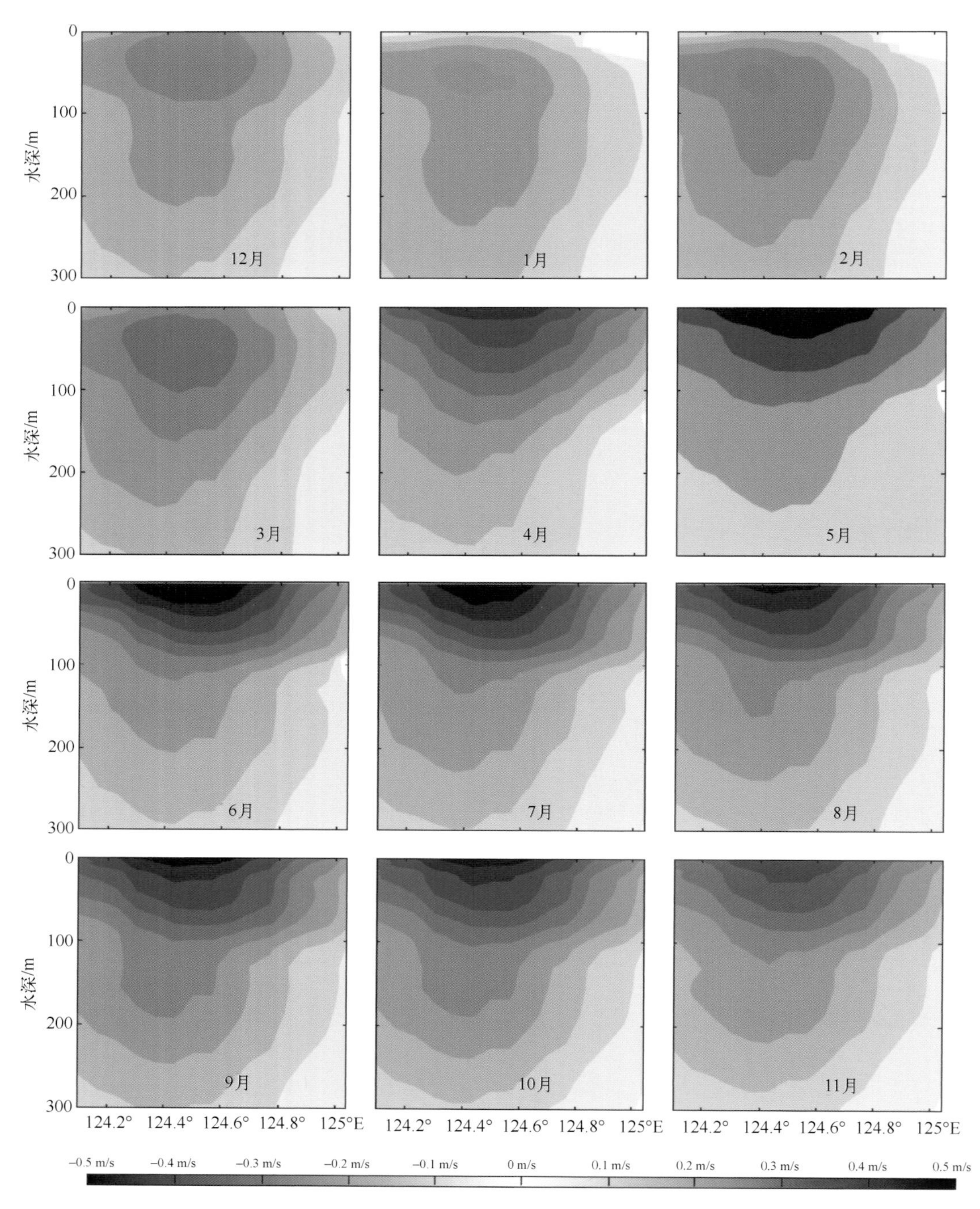

图 3-6　帝汶通道流速大小剖面逐月变化图

负值表示西南向流动，正值表示东北向流动。

关于翁拜海峡的北向和东向(图 3-7)以及整体(图 3-8)流速剖面月变化，不难发现：在 1—2 月，翁拜海峡剖面的 20 m 层以上存在着东北向的流动，其中 1 月较

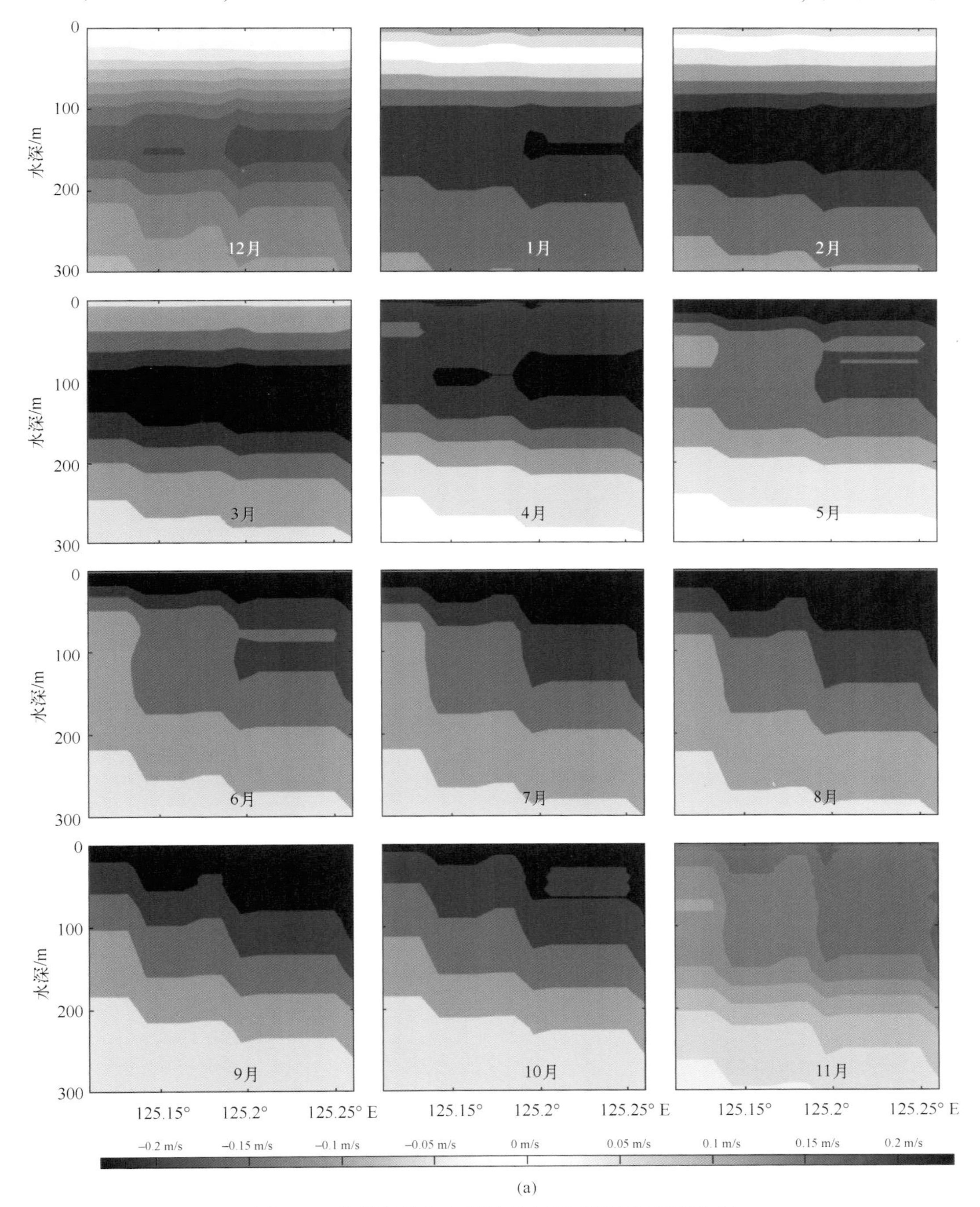

(a)

图 3-7　翁拜海峡北向以及东向流速剖面逐月变化图

(a)东西向的流动；(b)南北向的流动。正值表示东向或北向流动，负值表示西向或南向流动。

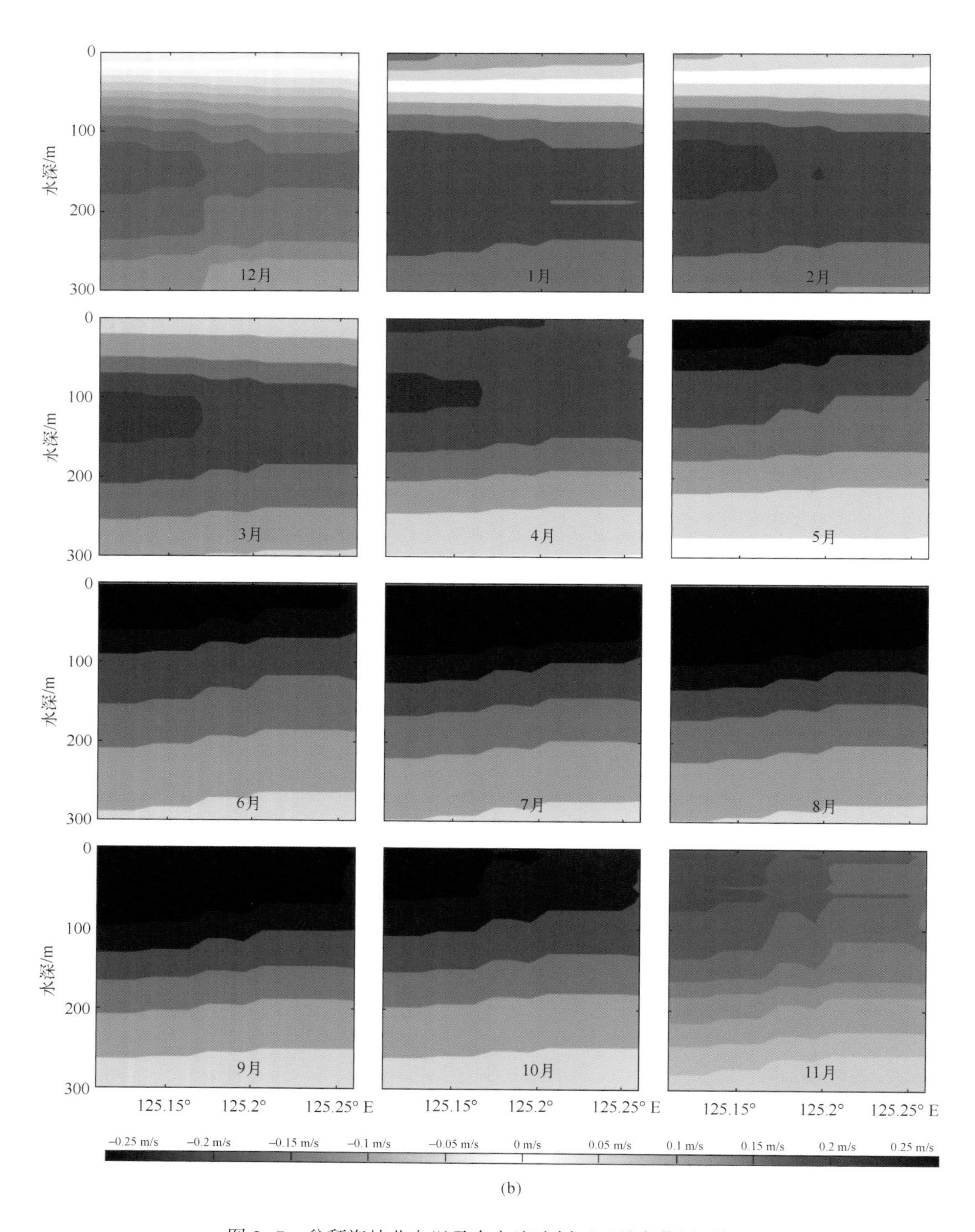

图 3-7　翁拜海峡北向以及东向流速剖面逐月变化图(续)

(a)东西向的流动；(b)南北向的流动。正值表示东向或北向流动，负值表示西向或南向流动。

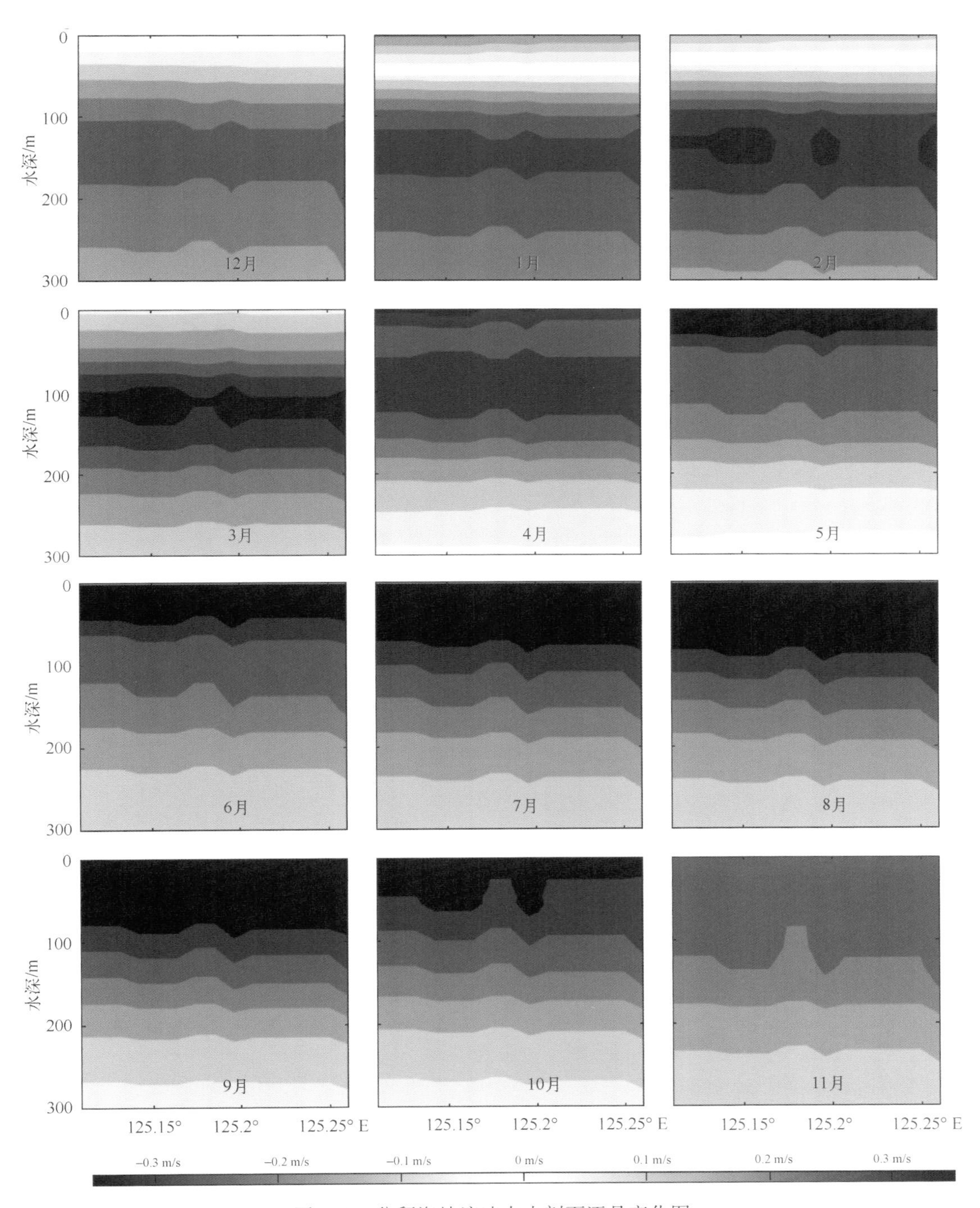

图 3-8　翁拜海峡流速大小剖面逐月变化图

负值表示西南向流动，正值表示东北向流动。

强，最大的东北向流速达到0.1 m/s。在20 m层以下，剖面内在全年都为西南向的流动。在12月至翌年4月，海峡剖面的100~200 m层存在着最大流速。在12月，最大流速为0.24 m/s，其深度范围为剖面的105~180 m层。从1月到3月，最大流速不断增大并且其范围向上收缩。在3月，最大流速为0.33 m/s，其深度范围为100~120 m层。到4月，最大流速开始出现在表层。从5月到9月，最大流速出现在表层，并且随着深度增加流速减小。在此期间，最大流速不断增大并且其分布深度范围不断向下扩展，即从5月的20 m层到9月扩展到80 m层。在8月，剖面内最大流速为0.45 m/s。从10月到11月，其分布规律与之前没有太大变化，但其最大流速不断减小。

3.2 印尼贯穿流正压流量变化特征

图3-9显示了8个海峡流量的逐月变化，可以发现流量有显著的季节变化特征，各海峡流速大小也有较大不同。下面对ITF流入和流出海峡通道的流量进行讨论。

3.2.1 流入

在ITF流入通道中[图3-9(a)]，望加锡海峡的流量最强，其次为马鲁古海峡和哈马黑拉海峡。尽管卡里马塔海峡流量较弱，但在夏季是反向的流动。对于望加锡海峡而言，其流量在-7.71~-13.44 Sv之间变化，8月最大[(-12.29~-14.59) Sv]，12月最小[(-6.38~-9.04)Sv]。马鲁古海峡以入流为主，但在10—11月流量的标准差较大10月为(±2.37)Sv，11月为(±2.81)Sv，可能存在北向流。马鲁古海峡的南向流在7月最大，2月最小，流量在(-2.47~-7.46)Sv之间变化。值得注意的是，马鲁古海峡入口处东西两侧中上层的流动相反，其与赤道西太平洋风场变化通过Sverdrup动力过程产生的异常气旋性环流阻碍了太平洋水体向印度洋的输入有关。哈马黑拉海峡为持续的入流，但流量较弱。1月平均南向流最弱，为-0.54 Sv，因此还存在水体流出的现象；10月平均南向流最强，为-4.44 Sv。卡里马塔海峡有显著的季节变化特征，夏季5—8月为北向流，其他季节为南向流。7月平均北向流量最大(0.51 Sv)，1月平均南向流量最大(-2.28 Sv)。

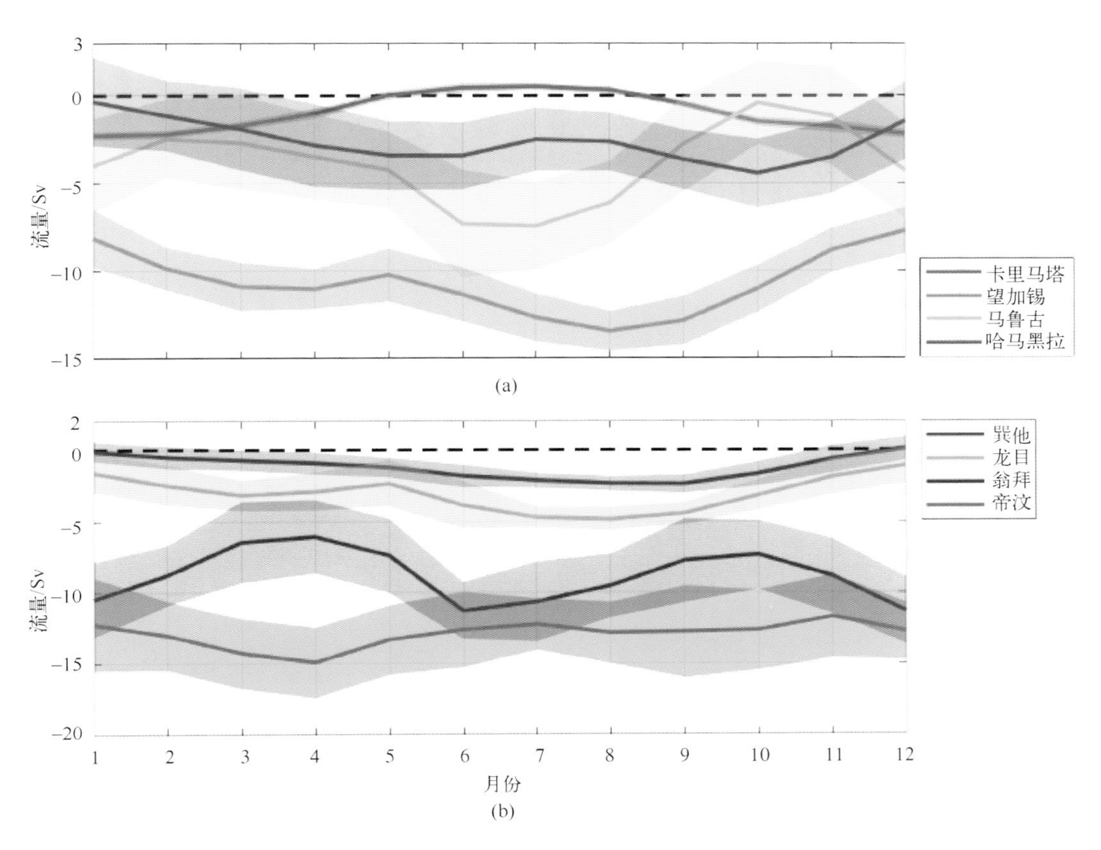

图 3-9 印尼海域 8 个海峡通道的流量逐月变化

(a)入流海峡；(b)出流海峡。负值为西向或南向流，阴影表示 1993—2019 年的标准差。

在 ITF 流出的通道中[图 3-9(b)]，以帝汶通道和翁拜海峡为主。其中，帝汶通道流量在-11.70～-14.90 Sv 之间变化，4 月最大[(-12.43～-17.39)Sv]，11 月最小[(-8.75～14.65)Sv]。翁拜海峡的流量在-6.05～-11.24 Sv 之间变化，6 月最大[(-9.21～13.27)Sv]，4 月最小[(-3.46～-8.64)Sv]。龙目海峡基本以南向流为主，流量为-1.59～-4.83 Sv，其中 8 月最大，1 月最小。12 月有北向流的现象。尽管巽他海峡的流量最小，流量为-0.91～-2.36 Sv，9 月最大[(-1.71～-3.01)Sv]，但冬季可能出现北向流。

3.2.2 流出

图 3-10 显示了海峡平均流量年际变化，可以发现流量有较强的年际变化特征，其具体变化特征如下。

在 ITF 流入的通道中[图 3-10(a)]，望加锡海峡占主导。大部分年份的南向流量在 10 Sv 以上。2006 年流量最强，为-12.27 Sv；2016 年流量最弱，为-9.09 Sv。流量的年际变化趋势较弱，不足-0.01 Sv/a。马鲁古海峡流量的年际变化范围较大，为-2.17~-7.73 Sv；1998 年最大，2011 年最小，且具有较强的南向流量减弱趋势，为 0.03 Sv/a。除 1998 年有 0.70 Sv 的北向输送外，哈马黑拉海峡基本为弱的向南输送。2011 年最大，为-4.84 Sv。其具有较强的流量年际变化趋势，为-0.05 Sv/a。卡里马塔海峡的年均流量较为稳定，年际变化趋势几乎为零，在-0.77~-1.13 Sv 之间变化。

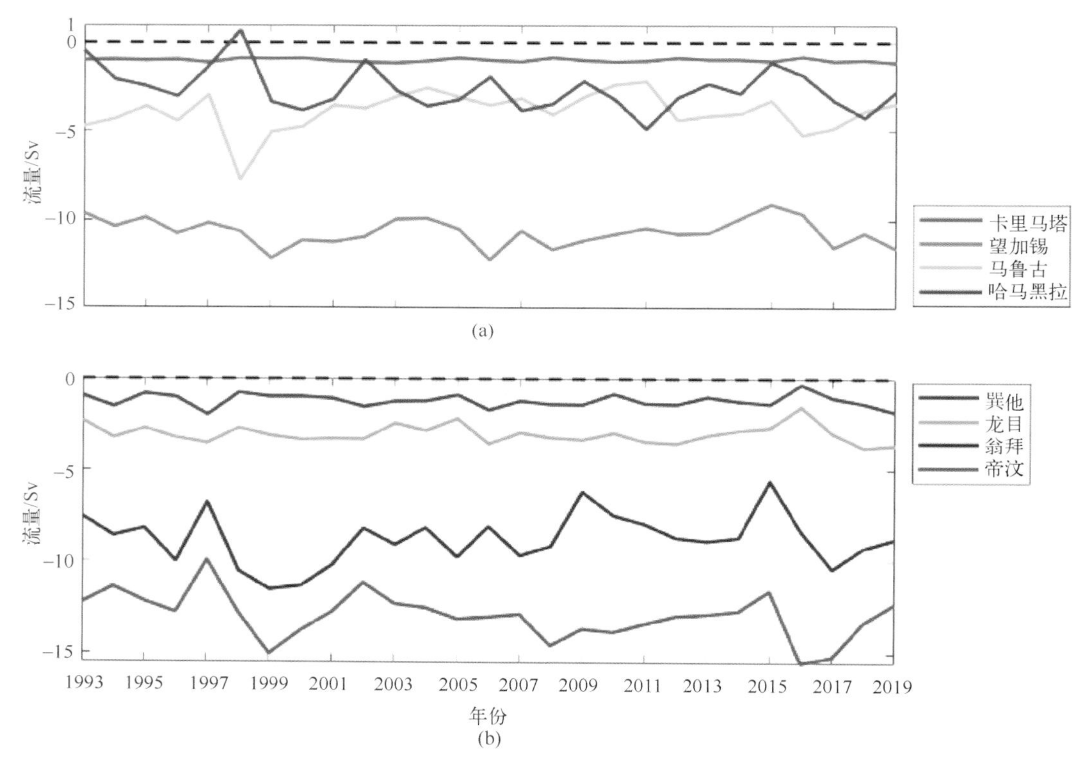

图 3-10 印尼海域 8 个海峡流量大小的年际变化

(a)入流海峡；(b)出流海峡。负值为西向或南向流动。

在 ITF 流出的海峡通道中[图 3-10(b)]，帝汶通道和翁拜海峡占主导。其中，帝汶通道流量在-9.95~-15.49 Sv 之间变化；2016 年达到最大，1997 年最小。流量的年际变化趋势为-0.06 Sv/a。翁拜海峡流量在-5.60~-11.52 Sv 之间变化，1999 年最大，2015 年最小。整体上，南向流量有减弱趋势，为 0.03 Sv/a。巽他海峡和龙目海峡的流量相对较小，分别在-0.30~-1.96 Sv 和-1.51~-3.68 Sv 之间变化，且年际变化幅度较小。两个海峡流量的年际变化趋势同样较弱，均不足-0.01 Sv/a。

为进一步分析印尼海域内不同海峡通道对整个 ITF 流量的贡献大小，表 3-1 给出了 1993—2019 年印尼海域的 8 个海峡的年平均流量。结果如下。

在流入海峡中，望加锡海峡为主要的流入通道，年均流量为-10.67 Sv，占流入量的 59%，与 Arlindo 计划(9.2 Sv)[31] 和 INSTANT 计划(11.6 Sv)[23] 相当。马鲁古海峡和哈马黑拉海峡的年均流量分别为-3.88 Sv 和-2.60 Sv。由于海峡深度不足 50 m，卡里马塔海峡的流量最小，仅-0.97 Sv。与观测相比，望加锡海峡占入流比重偏低，有两个方面可能：一是由于马鲁古海峡和哈马黑拉海峡的观测资料相对匮乏，且由于观测手段限制，无法获取海峡全深度的流场；二是 CMEMS 再分析数据对于海峡流量的估计偏大。

表 3-1　1993—2019 年印尼海域 8 个海峡通道的流量年平均值

编号	1	2	3	4	5	6	7	8
流量/Sv	-0.97	-10.67	-3.88	-2.60	-1.18	-3.03	-8.80	-12.94

注：海峡编号 1—8 分别代表卡里马塔、望加锡、马鲁古、哈马黑拉、巽他、龙目、翁拜海峡和帝汶通道。负值表示西向或南向流动。

在流出通道中，帝汶通道为主要的流出海峡，年平均流量为-12.94 Sv，占总流出水体的 50%。与 INSTANT 国际计划评估结果相当[24]。翁拜海峡次之，年均流量为-8.80 Sv。龙目海峡和翁拜海峡更弱，年均流量分别为-3.03 Sv 和-1.18 Sv。与观测结果相比，尽管 CMEMS 对于流出海峡的流量估计相对较大，但总体上能够反映各通道流量的相对比重。

3.3　印尼贯穿流斜压流速和流量剖面变化特征

3.3.1　流入

对于流速剖面，在三个入流截面中[图 3-11(a)-(c)]，苏拉威西海的入口最宽[13]，横跨 3.58°—5.5°N，125°E。有两股相反的流动，分别在北侧水道向西流动，在南侧水道向东流动。随着深度增加，东向流动的范围逐渐向北扩展，西向流动的范围减小。东向流主要存在于 1.83°—3.5°N，125°E 范围内(最大深度在 3.25°N 以南 350 m，可延伸至 3.25°N 以北 760 m)，平均速度为 0.07 m/s，在 2.25°N 附近 20 m 深度处最大速度为 0.23 m/s。3.58°—4.66°N 区域的西向流动主要存在于 115 m 层以上，平均速度为-0.14 m/s。西向流大值区主要存在于 4.5°—5.33°N(深度可扩展至 760 m)，在 5°N 附近 85 m 深度处最大速度为-0.59 m/s。棉兰老岛附近有流速相对较弱且向东的流动。随着总体深度的增加，流量的标准差逐渐减小。西进流动的标准差较大，可达 0.13 m/s，主要集中在 4.58°—5.08°N 的 90 m 层以上。在向东流动范围内，流量的标准差最大可达 0.09 m/s，主要集中在 1.91°—2.83°N 的表层。

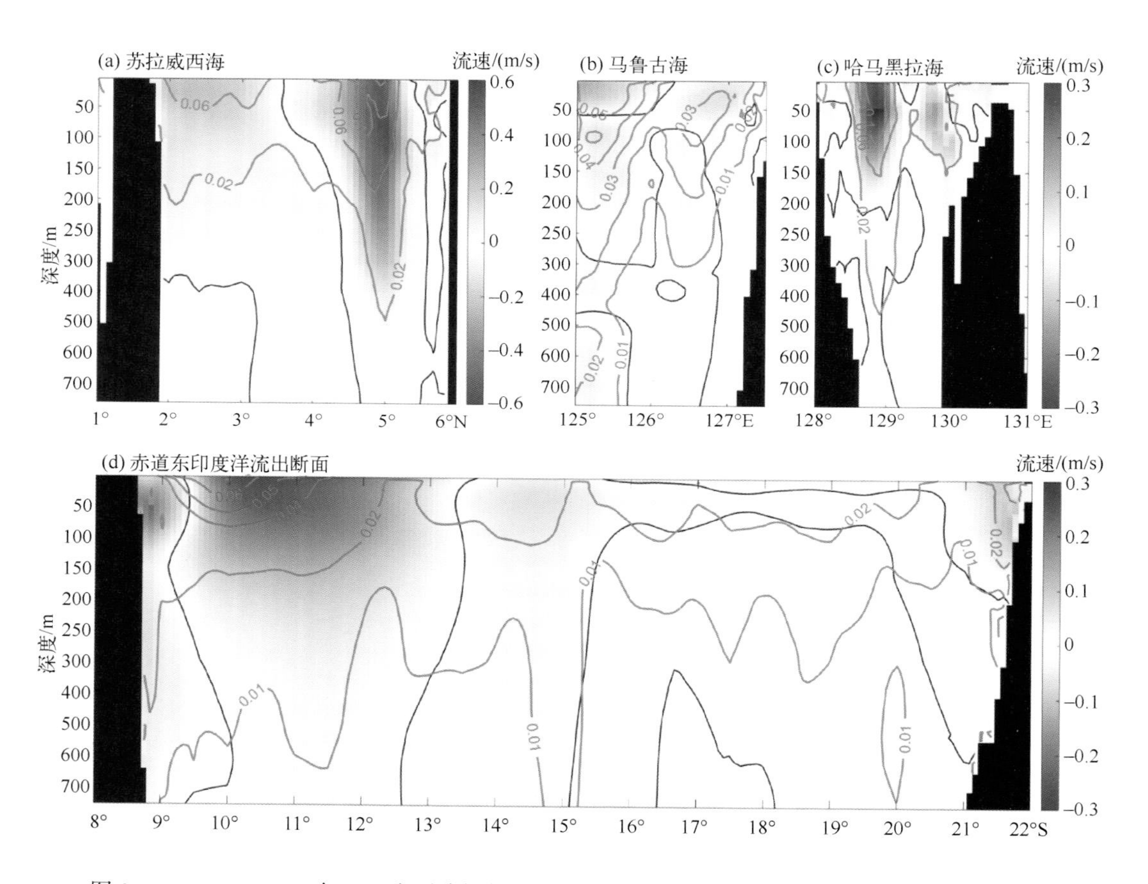

图 3-11 1993—2019 年，四个再分析数据集的流入(上)和流出(下)横截面的平均速度剖面

剖面颜色填充是垂直于经度(纬度)东西(南北)向的流速。(a)和(d)分别为苏拉威西海和赤道东印度洋的纬向流剖面。(b)和(c)分别为马鲁古海和哈马黑拉海剖面的经向流。洋红色的等高线表示为年际尺度上各断面流速的标准差，黑色等高线表示速度为 0。负值表示向南或向西流动。

相反的流动结构与马鲁古海经向剖面结构相对应[图3-11(b)]。在马鲁古海西部(0.5°N，125°—126°E)：60 m层以上，向北流动，平均速度为0.05 m/s，在125°E附近10 m深度处最大为0.16 m/s；在60~300 m深度内，以-0.02 m/s的平均流速向南流动，随着深度的增加，流量逐渐减小；300~450 m深度有弱偏北流动；450 m以下有向南流动，这与马鲁古海中层西边界流的观测发现相吻合[32]。在马鲁古海东部(0.5°N，126°—127.5°E)：60 m层以上有微弱的南向流动，平均速度为-0.03 m/s，最大南向流动速度为-0.07 m/s；60 m层以下，除深度为350~720 m、范围为126°—126.41°E存在弱的南向流动以外，西侧(0.5°N，126°—126.83°E,)为北向流动，东侧(0.5°N，126.83°—127.5°E,)为南向流动。大的流速标准差区域主要集中在马鲁古海截面西侧的上层(0.5°N，125°—126°E,)，最大可达0.07 m/s。随着深度的增加，标准差逐渐减小。但在马鲁古海西侧的450 m层以下，仍有一个较大的变异性区域，标准差为0.02 m/s。

在哈马黑拉海剖面(0.5°S)[图3-11(c)]，流动结构较为复杂。在128.5°—129.75°E和129.91°—130.08°E范围内，存在向南流动，深度可达200 m。最大速度(-0.36 m/s)出现在128.83°E和50 m深度。在哈马黑拉海剖面两侧和下层，向北流动。而向北流动相对较弱，最大为0.08 m/s。流速的大标准差集中在向南流动的大值区，在128.83°E的上层最大可达0.14 m/s。随着深度的增加，标准差逐渐减小。在最大南向流处(128.83°E，深度50 m)，标准差达到0.12 m/s。

对于流量剖面[图3-12(a)-(c)]，苏拉威西海流入截面最宽[图3-12(a)]，向西流入主要分布在3.6°—5.3°N的0~120 m、4.2°—5.3°N的120~760 m和1.9°—3.1°N的450~760 m。向西输送在4.2°—5.3°N范围内80~300 m处最大可达0.20 Sv(核心在280 m处)，向东输送主要发生在1.8°—3.6°N的0~450 m、3.6°—4.2°N的120~760 m和5.3°—6°N的0~600 m，在1.8°—3.6°N的40~300 m处可达0.05 Sv。苏拉威西海的大标准差主要发生在强的向西流动区域。在4.6°—4.8°N范围内80~120 m深度处可达0.02 Sv。

马鲁古海的东西向反向流场结构明显[图3-12(b)]，与Yuan等的研究结果相似[32]。可以发现，南向流动区主要分布在三个区域：第一个区域在125°—126°E的60~320 m，南向流量接近0.05 Sv；第二个是126.2°—127.5°E的5~100 m和126.6°—127.5°E的100~760 m，南向流动较弱；第三个在125°—125.7°E的450~760 m处，位于马鲁古海的西侧[30, 32]，向南流量可达0.1 Sv。弱的北向流动区域主要分布在 125°—126.2°E 的 5~60 m、125°—125.7°E 的 320~450 m 和 125.7°—126.7°E 的 100~760 m，流量小于 0.05 Sv。马鲁古海的大标准差主要集中在 125°—125.7°E 的 80~150 m 和 200~760 m 的西侧。在 450~760 m 处的标准差为 0.02 Sv。

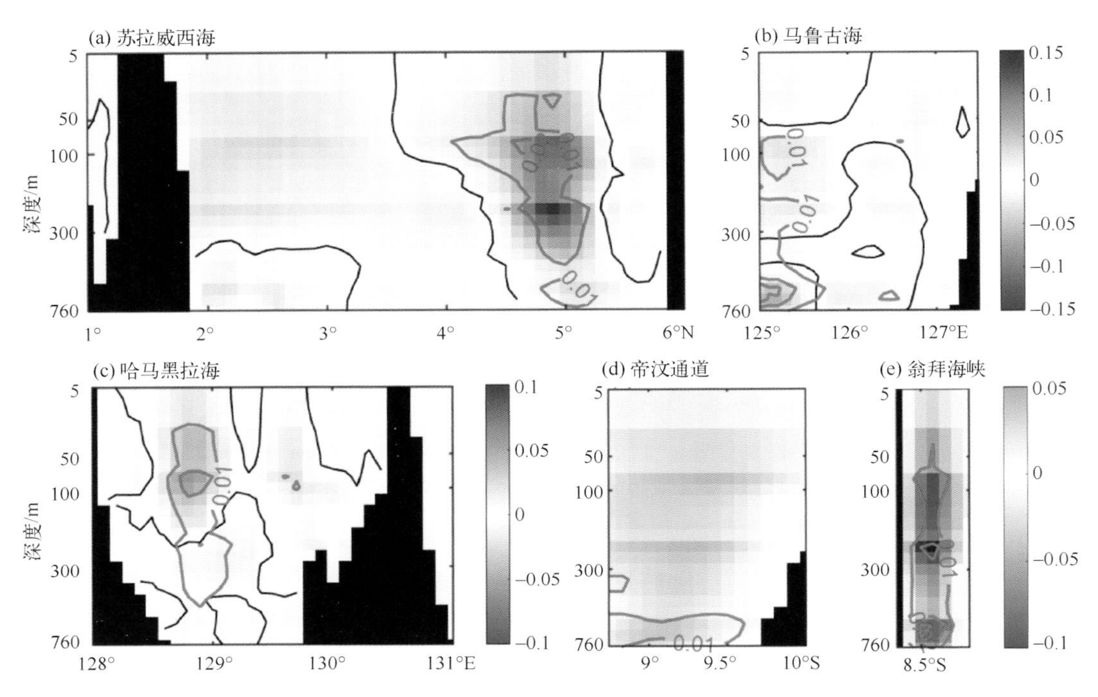

图 3-12 (a)1993—2019 年三个独立再分析数据集(CMEMS、HYCOM 和 OFES)在苏拉威西海的平均流量。(b)-(e)与(a)相同，但分别为马鲁古海、哈马黑拉海、帝汶通道和翁拜海峡。洋红色等高线表示各通道在年际尺度上输运的标准差。黑色等值线表示流量为 0。负值表示向南或向西流动。流量的单位为 Sv（$1\ Sv=10^6\ m^3/s$）。

在哈马黑拉海中，流场结构较为复杂[图 3-12(c)][37, 38]。南向流动的区域主要分布在 128.4°—129.2°E 的 5~200 m、129.4°—129.7°E 的 5~450 m 和 129.7°—130.5°E 的 80~450 m。在 128.4°—129.2°E 的 80 m 处，向南的流量可达 0.1 Sv。向北的流动区域分布在 128°—128.4°E 的 5~100 m、129.2°—129.4°E 的 5~60 m、129.7°—131°E 的 5~80 m 和 128.2°—129.5°E 的 200~450 m。在 128.8°—129.5°E 的 200~450 m 处，向北的最大流量为 0.05 Sv。哈马黑拉海在南向流区存在较大的标准差，在 80~120 m 处达到 0.02 Sv。

3.3.2　流出

在赤道东印度洋出口处[图 3-11(d)]，在 8.75°—9.33°S，114°E 范围内的 0~110 m 深度处，流出流动为明显的东向流动，8.83°S 位置 60 m 深度处最大流速为 0.22 m/s。东向流动对应于南爪哇海岸流(SJCC)[24, 33, 34]。在 9.5°—13.41°S，114°E 的中段，大部分流动向西，最大流动为-0.28 m/s，存在于 10.5°S 的 10 m 深处。14°S 以南的东向流动与东部环流(EGC)和西北陆架流入(NWS-inflow)密切相关[33, 35, 36]。流速标准差较大的区域集中在向西流动范围内，上层可达 0.06 m/s。流场的结果对比显示，流入窄而强，流出宽而弱。在高分辨率再分析数据集中，横截面之间的反向流动意味着复杂的流动结构。详细的流动结构以及额外的现场实验应该得到验证。

在流出通道中，帝汶通道几乎全为向西的流动[图 3-12(d)]。9.25°—9.6°S 区域内的200~300 m 深度范围内的西向流动较强，最大向西输送量达到 0.12 Sv。帝汶通道的大标准差主要出现在强的西向流动区域，在 8.75°—9.6°S 的 450~760 m 处达到 0.01 Sv。翁拜海峡除北部 400~450 m 区域外为较强的西向流动[图 3-12(e)]。向西最强流动发生在 8.4°—8.7°S 的 80~280 m 处，向西流量为 0.15 Sv。翁拜海峡的标准差较大，主要存在于南向流动较强的区域。在 8.4°—8.7°S 范围内，30~760 m 和 450~760 m 的标准差分别为 0.01 Sv 和 0.03 Sv。

3.4　小结

利用高分辨率的 CMEMS 再分析产品，对 ITF 的主要入流通道(望加锡海峡)，主要出流通道(翁拜海峡和帝汶通道)以及南海分支(卡里马塔海峡)流场的月际尺度空间变化特征进行了分析。估算了流入和流出的八个海峡通道的流量，得到年平均的 ITF 流量输送(图 3-13)。主要结论如下。

(1)流场方面：望加锡海峡中上层全年基本上都为南向流，100 m 以上最强，9 月达到最大，为 0.62 m/s。卡里马塔海峡有显著的季节变化：春末(5 月)和夏季(6—8 月)为北向流，其他月份为南向流。翁拜海峡冬季(12 月至翌年 2 月)东向流主要分布在上层，影响深度在 1 月份达到最深(47 m)；西向流主要分布在下层，空间分布为南强北弱；春季至秋季(3—11 月)，东向流主要分布在 380 m 层以下，西向流核逐渐抬升至表层，先增大后减小，8 月达到最大(0.42 m/s)。帝汶通道全年几乎都为西向流，流核在 100 m 以上，5 月达到最大，为 0.44 m/s。

(2)流量方面：望加锡海峡为 ITF 的主要流入通道，年平均南向流量为 10.67 Sv，占入流的 59%。卡里马塔海峡的流入量较小，其年平均南向流量为 0.97 Sv。在 ITF 流出通道中，帝汶通道和翁拜海峡占主要部分，年均流量分别为 12.94 Sv 和 8.80 Sv。其中帝汶通道流量占整个出流的 50%。

对 ITF 关键海峡通道的流场进行了分析，得到了精细化的时空分布规律，对进一步研究印尼海域的温盐结构及对大气的影响具有重要应用价值。

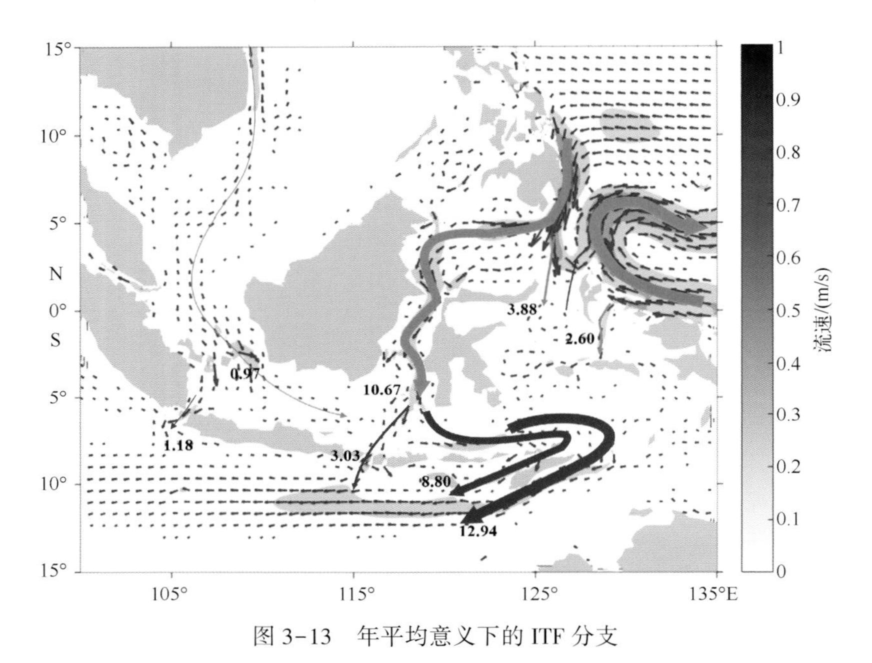

图 3-13　年平均意义下的 ITF 分支

水平流场为 760 m 以上多年平均。线条代表流量大小，单位：Sv。

第4章 气候模态对印尼贯穿流正压流场年际变化的影响

4.1 引言

ITF 通过影响不同时间尺度的海气交换和降水来调节局地大气系统，进而对全球气候产生深远影响[2, 33, 37]。因此，要解释气候变化，必须了解 ITF 流量的变率。利用四个高分辨率再分析数据集对 ITF 流入和流出的时空变化进行深入的研究。为充分利用高分辨率数据集的优势，这里采用体积通量法进行流量计算[39]：

$$F_v = \sum_{k=1}^{nz} \sum_{i=1}^{ns} \overrightarrow{v_{ik}} \cdot d_{x_i} \cdot d_{z_k}$$

式中，F_v为垂直于横截面的流量；$\overrightarrow{v_{ik}}$为垂直于横断面第 i 和第 k 垂直网格的流速；i 为截面网格点数的位置($1 \leqslant i \leqslant ns$)；$d_{x_i}$为相邻两个网格点之间的距离；$k$ 为垂直层数($1 \leqslant k \leqslant nz$)；$d_{z_k}$为相邻两个垂直层之间的距离。

在年际时间尺度上，ITF 流量的变率主要由太平洋和印度洋盆地之间的大尺度海平面梯度驱动[1, 4, 22, 24, 40, 41]。其中，热带西北太平洋(NWP)和东南印度洋(SEI)海表面高度异常差值(Sea Surface Height Anomaly，SSHA)是 ITF 输送的有利指标，ITF 输送主要由 ENSO 和 IOD 主导[41-44]。在 La Niña (El Niño)事件期间，ITF 一般会产生流量变强(弱)[45, 46]。这是因为太平洋信风和 Walker 环流增强(减弱)，导致西太平洋海平面上升(下降)[31, 45, 47-50]。在负(正)IOD 事件期间，当热带印度洋东部和西部表层水出现异常暖(冷)和异常冷(暖)时，热带东印度洋东部海面出现下降(上升)流[46, 51]。这有利于该地区的正(负)海平面异常，从而减弱(增强)ITF[49, 50]。

由于 El Niño(La Niña)事件经常与正 IOD(负 IOD)事件同时发生[7, 14, 20, 50]，不同气候事件对 ITF 的独立影响往往难以分离，这限制了对它们在不同时期的相对重要性的理解。ENSO 和 IOD 事件经常同步发生，它们可以相互作用。因此，我们使用线性回归来消除 Niño 3.4 对 IOD 可能产生的影响[52, 53]，操作过程如下：

$$\widehat{\mathrm{DMI}} = a \cdot \mathrm{Niño3.4} + b$$

$$\mathrm{DMI}_{\mathrm{new}} = \mathrm{DMI} - \widehat{\mathrm{DMI}}$$

式中，$\widehat{\mathrm{DMI}}$ 表示 Niño 3.4 的线性拟合项；a 和 b 分别表示趋势和偏移量；$\mathrm{DMI}_{\mathrm{new}}$ 表示新的 DMI 指数，不包括 Niño 3.4 分量。

越来越多的研究表明，IOD 事件对 ITF 的影响更为显著[19, 33, 50, 53]。可见，ENSO 和 IOD 气候因子对于 ITF 的定量影响分析需要进一步阐明。采用机器学习方法表达 ENSO 和 IOD 在不同时期是主导 ITF 变率的气候模态。随机森林(Random Forest，RF)机器学习决策方法确定气候模态对 ITF 年际变化的贡献。RF 是一种集成学习算法，其一般思想是训练多个弱模型，将它们组合在一起形成一个强模型。强模型的性能比单一弱模型的性能要好得多。因此，多模型的结果具有更高的精度和泛化性能。与简单的线性相关和回归方法不同，RF 方法可用于研究变量之间的复杂关系，并可以揭示响应与预测因子之间的非线性和分层关系[54]。RF 通过组合预测因子并评估每个预测因子的相对重要性来构建模型。在本研究中，使用了袋外(OOB)生成的基于准确性的重要性度量。在建立模型时，随机抽取大约 1/3 的相关数据进行模型验证。当 OOB 样本中的变量受到随机扰动时，将平均预测精度定义为对应变量的重要值[55]，表示为均方误差：

$$\mathrm{MSE}_{\mathrm{OOB}} = \frac{1}{N}\sum_{K=1}^{N}(O_K - \overline{P_{\mathrm{KOOB}}})^2$$

式中，N 为 ITF 流量变化序列的个数；O_K 为第 K 个流量数据；$\overline{P_{\mathrm{KOOB}}}$ 为所有树的所有 OOB 预测的第 K 个平均值。在 RF 模型建立过程中，通过均方根误差(RMSE)来实现其质量控制。并对每个 RF 模型进行多次训练，将 RMSE 控制在一个稳定的低值状态。

4.2 气候模态对正压印尼贯穿流的相对贡献

4.2.1 ENSO 和 IOD 与印尼贯穿流正压流场的关系

图 4-1 显示了不同层间 ITF 流量的变化，进一步解释了气候模态与详细流动结构之间的相关性。流入上层流量数据与 Niño 3.4、DMI 和 CP 指数的相关系数分

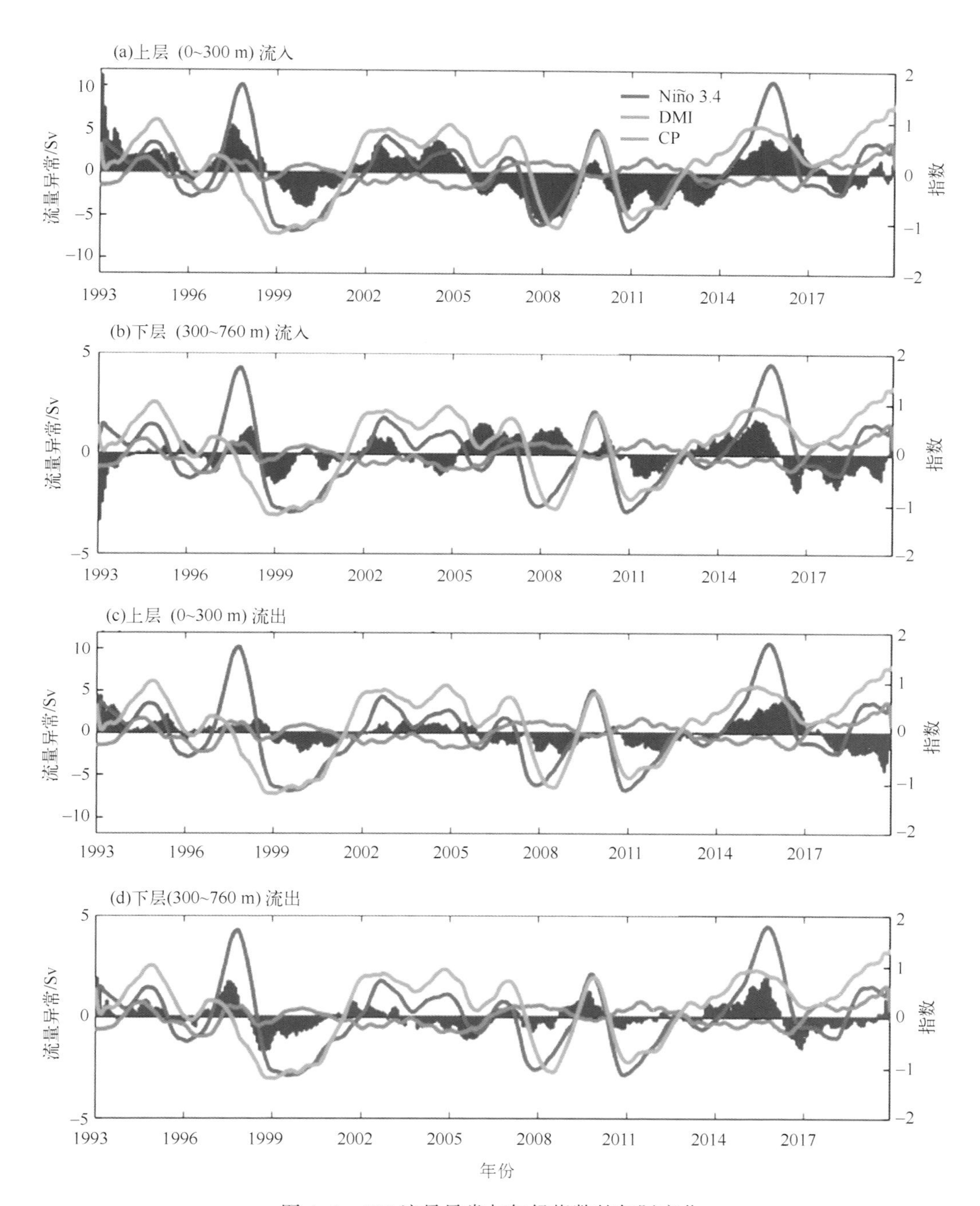

图 4-1　ITF 流量异常与气候指数的年际变化

(a)四个再分析数据集在 13 个月的滑动平均后，流入上层流量异常(紫色阴影)与三个指数(Niño 3.4-蓝色，DMI-橙色，CP -绿色)的叠加。DMI 为去除 Niño 3.4 线性影响后的 DM I_{new}。(b)与(a)相同，但为流入下层。(c)和(d)分别为流出的上层和下层的流量。

别为 0.73、-0.28 和 0.56。以上结果中 Niño 3.4 和 CP 通过了 99%显著性检验，而 DMI 没有通过 95%显著性检验。流入下层中，流量异常与 Niño 3.4、DMI 和 CP 指数的相关系数分别为 0.23、0.01 和 0.12，均未通过 95%显著性检验。由此可见，气候指数对 ITF 上层的影响大于下层。

在流出上层中，流量数据与 Niño 3.4、DMI、CP 指数的相关系数分别为 0.52、-0.55 和 0.32。上述结果中 Niño 3.4 和 DMI 通过 99%显著性检验，而 CP 未通过 90%显著性检验。下层流出流量异常与 Niño 3.4 和 CP 指数的相关系数分别为 0.65 和 0.41，均通过 99%显著性检验，而与 DMI 的相关系数为 0.12，相关性较低。Niño 3.4 与 CP 指数、下层的相关性大于上层流入的相关性。而流入上层和下层的流量与 DMI 指数的相关关系则相反。

与流入相比，Niño 3.4 和 DMI 对 ITF 流出上层具有相反的相关性。流入和流出的 Niño 3.4 与 ITF 流量异常的线性相关系数仍然很高，分别为 0.73 和 0.52。而流入和流出的 DMI 分别为-0.28 和-0.55，相关性变化较大。该结论与 Li 等的研究一致[13]。在上层，CP 指数与流入和流出均保持正相关关系，这与 Niño 3.4 指数的影响相似。与 Li 等的不同之处在于 Niño 3.4 和 CP 指数与流出下层有很强的正相关关系，这可能与所选择的时期有关。

4.2.2 ENSO 和 IOD 对印尼贯穿流正压流场的相对重要性

为了定量揭示气候模态对 ITF 流量的相对重要性，本小节采用 RF 的方法。在此之前，应明确 ITF 流量的显著变化周期。通过不同层次的多模式平均的流量数据可以得到 1993—2019 年流入和流出的上层和下层的功率谱(图 4-2)。功率谱分析表明，流入上层的峰值周期为 4~9 a，流入下层的峰值周期为 5~7 a。流出的上层和下层的峰值周期分别为 5~7 a 和 2~6 a。总体而言，结果表明在四个不同的位置有一个共同的 5~7 a 的峰值周期。相比之下，Niño 3.4，DMI 和 CP 指数的峰值周期分别为 2~7 a、2~4 a 和 10 a 内。

四个层次的流量数据和各气候指数的功率谱结果表明，主要峰值周期的变化集中在 5~7 a，因此，将其作为 RF 模型训练的周期。此外，为了充分利用数据，使实验结果更加可靠，对数据进行了循环(以 6 a 周期为例：1993—1998 年，1994—1999 年，……)。由于 ENSO 和 IOD 事件经常同时发生。因此，采用消除 Niño 3.4 线性趋势影响的 DMI_{new}，通过四种再分析数据训练得到相应的 RF 模型。分别考虑了5 a、6 a和7 a期间RF训练结果的相对重要性。结果中没有显示显著差异(未给出数据)。因此，从不同的开始年份始，考虑6 a周期的训练周期来揭示不同气候指数在不同位置层次上对ITF的相对重要性(图4-3)。由于OFES数据截至2017年，开始年份为2013—2014年的结果来自CMEMS、HYCOM和SODA数据。主导气候指数的定义为相对重要性大于33%且超过其他两个指数，不重叠。

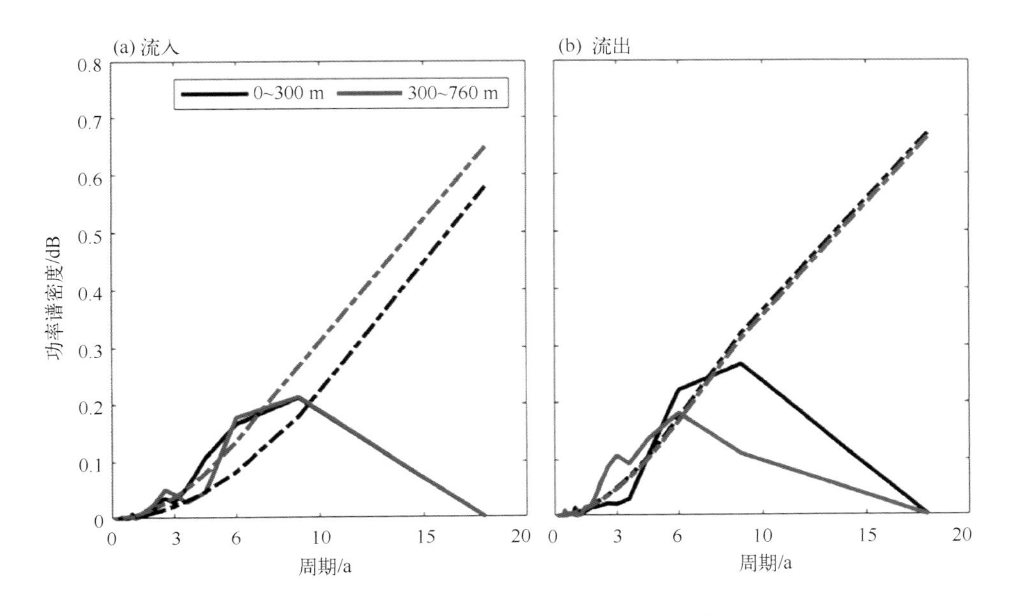

图4-2　不同层次的流入和流出功率谱

流量数据是1993—2019年13个月滑动平均后的多模型月均数据。(a)黑色实线和蓝色实线分别代表上层(0~300 m)和下层(300~760 m)入流的结果。黑色和蓝色虚线表示95%的置信水平。(b)与(a)相同，但用于流出。

RF模型的结果表明，在开始年份1993—1995年(结束年份1998年和2000年)的流入上层中，Niño 3.4指数的相对重要性显著高于其他两个指数，均大于40%。在开始年份1996—2001年(结束年份2001年和2006年)，Niño 3.4指数在四种再分析数据的平均训练结果下显示出更重要但不显著的结果(阴影区域相互覆盖)。在开始年份2002—2003年(结束年份2007年和2008年)，DMI成为重要指数(其他两个指数没有重叠)。在开始年份2004—2012年期间(结束年份2009年和2017年)，三个指标的相对重要性具有可比性，且阴影区域相互重叠。在开始年份2013—2014年期间(结束年份2018年和2019年)，DMI的重要性增加，而Niño 3.4的重要性下降。

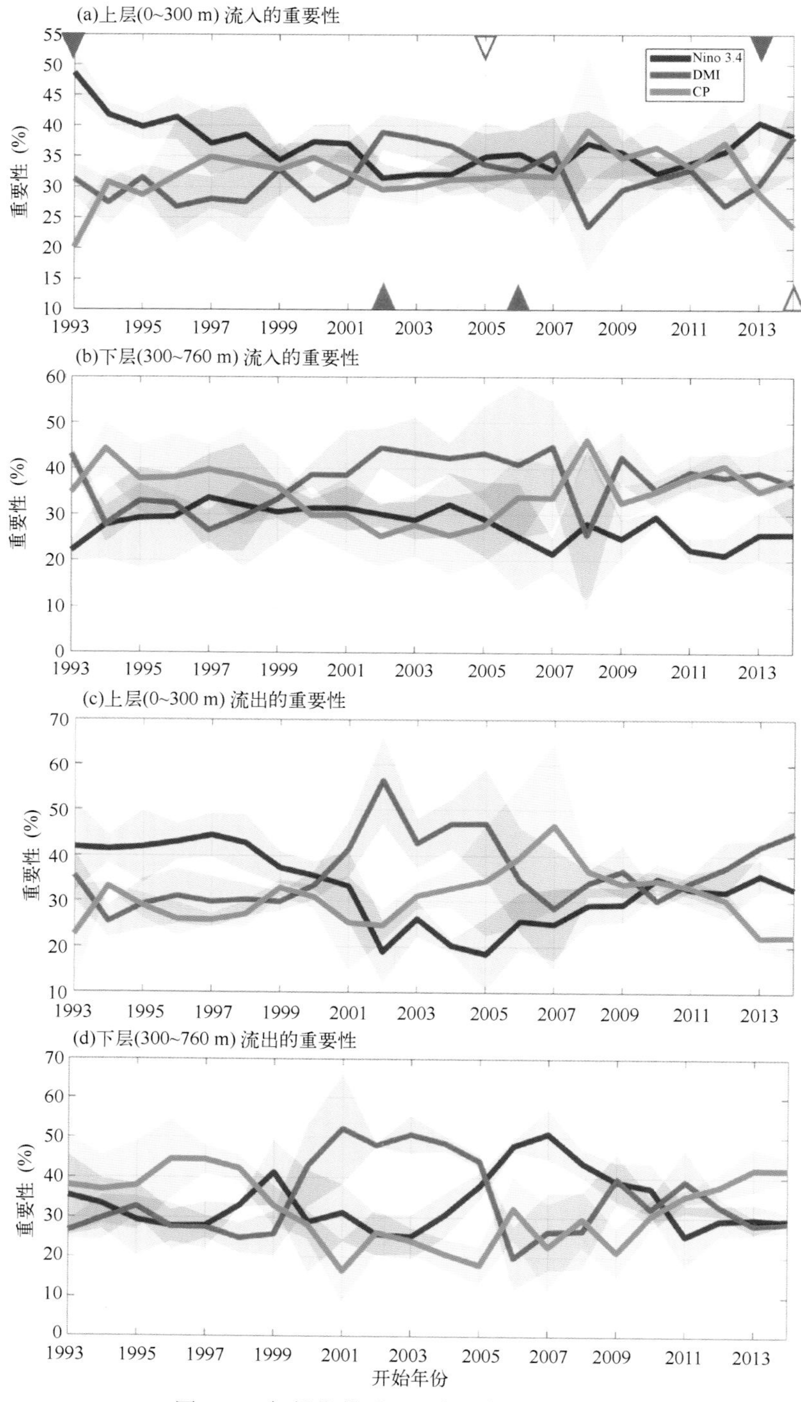

图 4-3　气候指数对 ITF 流量变化的重要性

(a)以 6 a 为周期气候指数(Niño 3.4 蓝色，DMI_{new} 红色，CP 绿色)对入流上层的相对重要性。三角形表示相应开始年份发生的主要 ENSO 和 IOD 事件，其中上、下边分别表示 ENSO 和 IOD 事件，实心和空心分别表示正异常和负异常。(b)、(c)、(d)与(a)相同，但分别为流入下层、流出上层、流出下层。阴影区域表示标准差。

与上层不同的是，在入流下层中，开始年份 1993 年(结束年份 1998 年)，DMI 指数相对重要。然而，在开始年份 1994 年(结束年份 1999 年)，DMI 指数的重要性下降，CP 指数的相对重要性上升。在开始年份 1995—1999 年(结束年份 2000 年和 2004 年)，三个指数的阴影区域相互重叠。平均而言，CP 指数相对重要但不显著。在开始年份 2000—2007 年(结束年份 2005 年和 2012 年)，DMI 指数的相对重要性逐渐上升，其中在开始年份 2002—2003 年(结束年份 2007 年和 2008 年)，DMI 指数的相对重要性显著。在开始年份 2008—2014 年(结束年份 2013 年和 2019 年)，三个指数的阴影区域相互重叠，再次没有显著主导指数。

在出流上层中，在开始年份 1993—1999 年期间(结束年份 1998 年和 2004 年)，Niño 3.4 指数的相对重要性一直处于较高水平，占主导地位。在开始年份 2000—2001 年(结束年份 2005 年和 2006 年)，DMI 指数对出流上层的影响有所增加，但 Niño 3.4 指数的相对重要性有所下降。在开始年份 2002—2004 年(结束年份 2007 年和 2009 年)，DMI 指数成为主导气候因子，其平均相对重要性在开始年份 2002—2007 年超过 50%。在开始年份 2005—2007 年(结束年份 2010 年和 2012 年)，CP 的指数平均相对重要性有所增加，但其阴影区域与 DMI 指数的重叠。在开始年份 2008—2012 年(结束年份 2013 年和 2017 年)，这三个指标的相对重要性相对接近。这说明这一时期影响 ITF 的因子比较复杂，没有发现一个显著的气候指数。在接下来的开始年份 2013—2014 年(结束年份 2018 年和 2019 年)，DMI 指数再次成为主导气候因子，平均相对重要性超过 40%。

在出流下层中，从开始年份 1993—1995 年(结束年份 1998 年和 2000 年)，三个指数的阴影区域重叠，相对显著的指数不占主导地位。在开始年份 1996—1998 年(结束年份 2001 年和 2003 年)和 2013—2014 年(结束年份 2018 年和 2019 年)，CP 指数是重要指数，平均相对重要性占比为 40%。在开始年份 1999—2000 年(结束年份 2004 年和 2005 年)和 2009—2012 年(结束年份 2014 年和 2017 年)，没有显著主导的气候指数。在开始年份 2001—2005 年(结束年份 2006 年和 2010 年)，DMI 指数是重要的气候指数，平均相对重要性占比为 50%。在起始年份 2006—2008 年(结束年份 2011 年和 2013 年)，Niño 3.4 指数成为主导指数，2007 年平均相对重要性占比为 50%。

图 4-4 显示了不同气候因子指数在不同时期的相对重要性及其部分依赖性。在偏相关图中，曲线变化越陡，对应指数的影响越大。结果表明：1993—1998 年 Niño

3.4 曲线最陡，对流入上层的影响最大；2002—2007 年，DMI 曲线最为陡峭，成为主导指数。同样，在 2008—2013 年，CP 和 Niño 3.4 相对重要。2014—2019 年期间，DMI 的重要性增加。结果与图 4-3 中的结果一致。气候指数对流入下层和流出上层及下层的部分依赖性与流入上层相似(图未给出)。

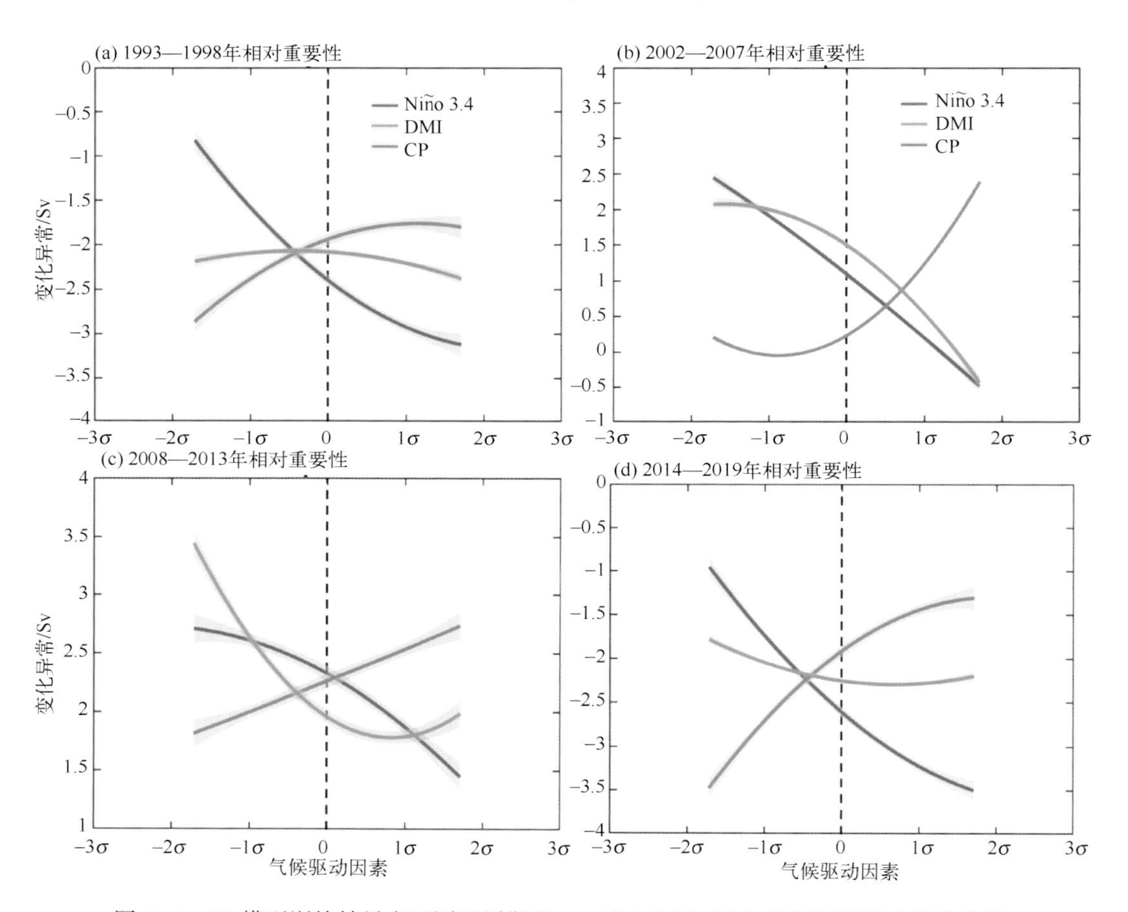

图 4-4　RF 模型训练结果在不同子周期的 ITF 流入上层对各气候因子指数的部分依赖

(a)1993—1998 年；(b)2002—2007 年；(c)2008—2013 年；(d)2014—2019 年。蓝线、橙线、绿线分别为 Niño 3.4、DMI 和 CP 指数。曲线的趋势描述了相应因素与预测因子之间的相关性。阴影部分代表 95%的置信区间。

4.3　机制分析

RF 模型训练结果显示了不同时期不同气候模态的主导作用。为探究其背后的机制，将 1993—2000 年、2002—2008 年、2009—2012 年和 2013—2019 年 4 个时期进行组合，分别对应主导因子 Niño 3.4、DMI、无显著主导指数和 DMI。其中，2013—2019 年占主导地位的 DMI 主要存在于上层流出。以往的研究表明，两大洋（NWP 和 SEI）之间的 SSHA 被认为是判定 ITF 流量的良好指标[41, 56]。采用这种观点来演示潜在的机制。

图 4-5 为不同时期的 SSHA 平均值，并标注了 NWP 和 SEI 的空间位置。在 ENSO 主导时期（1993—2000 年），NWP 和 SEI 的平均 SSHA 分别为 -0.68 cm 和

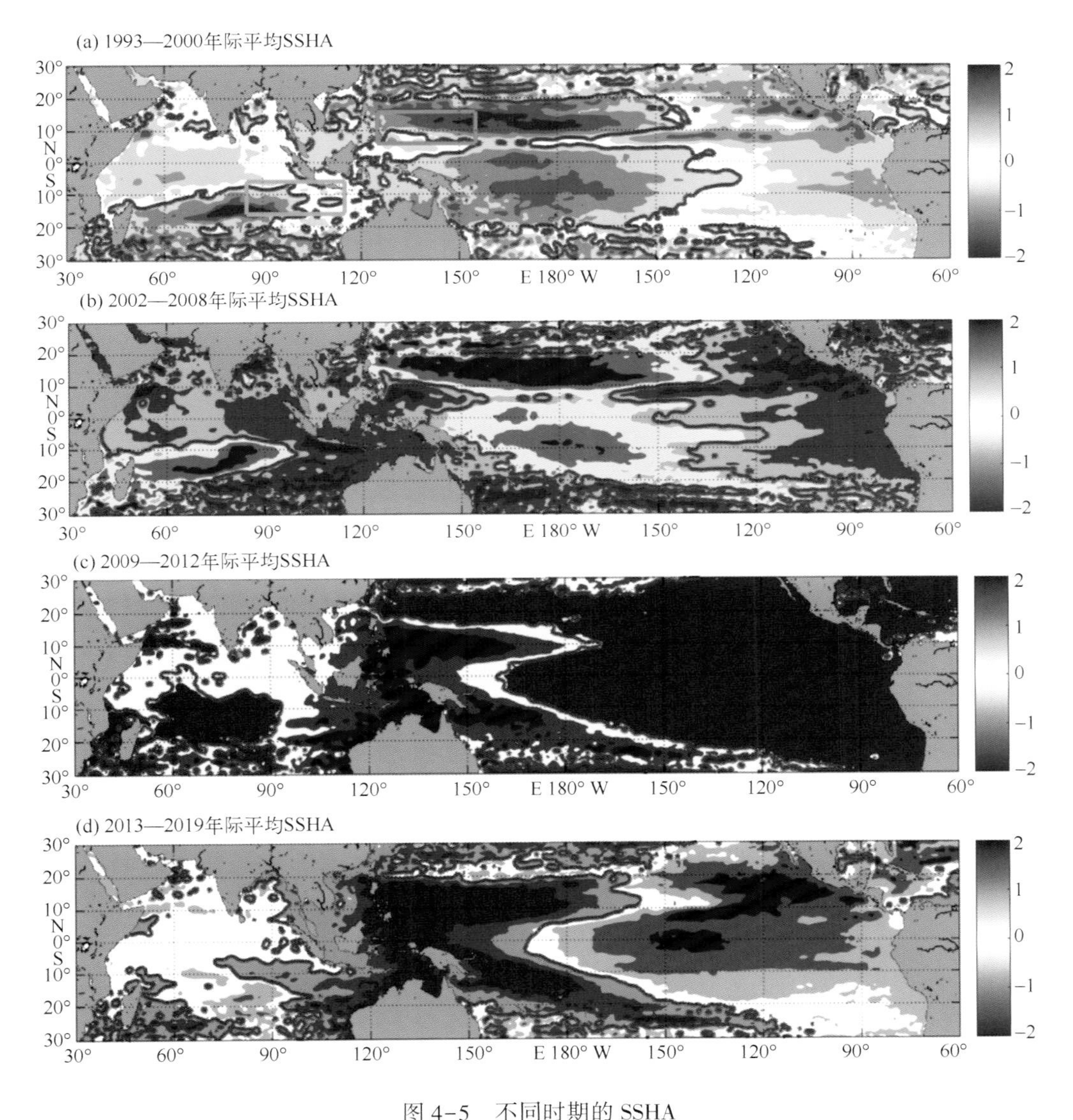

图 4-5　不同时期的 SSHA

（a）1993—2000 年；（b）2002—2008 年；（c）2009—2012 年；（d）2013—2019 年。（a）中红色框和绿色框内的范围分别为 NWP（6°—16°N，125°—155°E）和 SEI（6°—16°S，85°—115°E）。灰色实线为 SSHA 为零的等高线。

-0.18 cm，SSHA 差值为-0.50 cm。在第一个 IOD 主导时期(2002—2008 年)，NWP 和 SEI 的 SSHA 分别为 0.49 cm 和-0.50 cm，SSHA 差值为 0.99 cm。在无显著主导气候指数的时期(2009—2012 年)，NWP 和 SEI 的 SSHA 分别为 5.58 cm 和 1.24 cm，SSHA 差值为 4.34 cm。在第二个 IOD 主导时期(2013—2019 年)，NWP 和 SEI 的 SSHA 分别为-3.59 cm 和-0.37 cm，SSHA 差值为-3.22 cm。两个区域的 SSHA 空间场变化分别与 ENSO 和 IOD 事件有关，尤其是 El Niño 和负 IOD 事件。不同时期的 SSHA 差值与机制一致，即 El Niño(负 IOD)事件降低了太平洋-印度洋压力梯度，形成弱的 ITF。相反，La Niña 和正 IOD 事件有助于增强 ITF。

表 4-1　1993—2019 年 El Niño 或 La Niña 与正或负 IOD 事件发生的年份分类

	负 IOD	无 IOD 事件	正 IOD
El Niño		2002 年，2004 年，2009 年	1994 年，1997 年，2006 年，2015 年，2019 年
无 ENSO 事件	1996 年	1993 年，2001 年，2003 年，2008 年，2013 年，2014 年	2012 年，2017 年
La Niña	1998 年，2010 年，2016 年	1995 年，1999 年，2000 年，2005 年	2007 年，2011 年，2018 年

为了进一步探讨其机制，表 4-1 总结了 1993—2019 年 ENSO 和 IOD 事件。在 ENSO 占主导地位的 1993—2000 年期间，1997/1998 年发生了一次强 El Niño 事件，并伴有正 IOD 事件。这次强 El Niño 事件导致西太平洋和印度尼西亚降水减少，直接导致 ITF 流入海域的 SSH 降低[31, 57]。此外，正 IOD 事件的发生降低了 ITF 流出海域的 SSHA[50]。同时，流入和流出的上层 ITF 均出现了较强的减少，分别为 4.21 Sv 和 1.21 Sv[图 4-1(a)-(c)]。在 1997/1998 年，在 La Niña 和负 IOD 事件的共同作用下，ITF 呈现减弱变化减弱，并于 1998 年年底恢复到之前的水平。综上所述，1997/1998 年 El Niño 事件的发生在 1993—2000 年期间起主导作用。

在 2002—2008 年期间，当 IOD 占主导地位时，2006 年和 2007 年发生了两次连续的正 IOD 事件，同时期 ENSO 分别对应发生 El Niño 和 La Niña 事件。正 IOD 事件与印度洋表面温度异常(东部异常变冷，西部异常变暖)密切相关，进一步导致东印度洋 SSHA 降低[19]。2004—2008 年期间，流入和流出的上层均增加了 2.08~2.79 Sv[图 4-1(a)-(c)]。2002—2008 年期间，NWP 和 SEI 的 SSHA 差值为 0.99 cm，这在一定程度上解释了 IOD 事件的主导作用。由此得出结论，2002—2008 年期间，IOD 事件主导了 ITF 流量的变异性。

在无显著气候指数主导的 2009—2012 年期间，2010 年和 2011 年连续的 La Niña 事件以及 2011 年和 2012 年连续的正 IOD 事件同时发生[图 4-1(a)]，部分解释了这一时期没有单一气候模态起主导作用的原因。

在 2013—2019 年，IOD 在流出上层中占主导地位，这也对应着 2015—2016 年上层流出的急剧减少[图 4-1(c)]，NWP 与 SEI 的 SSHA 差值为-3.22 cm。在此期间，2016 年出现了较强的负 IOD 事件。Pujiana 等也发现，2015/2016 年上层流入和流出的急剧减少归因于强负 IOD 事件[58]。此外，2017—2019 年连续出现正 IOD 事件，进一步说明了 IOD 事件对这一时期 ITF 流量变化的主导作用。

4.4　小结

在 1993—2019 年期间，Niño 3.4 指数与流量变化的线性相关系数在上层、下层流入和下层流出处均大于 DMI 指数和 CP 指数，而上层流出与 DMI 指数的相关性较强。为了量化三种气候因子对 ITF 的相对重要性，在不同层次上进行了 RF 模型训练。通过对模型训练结果的分析，1993—2000 年、2002—2008 年和 2009—2012 年 3 个时期上层流入和上层流出的主导气候因子较为明确，分别以 Niño 3.4(相对重要性达到 40%)、DMI(相对重要性超过 50%)为主导，没有显著主导气候指数。1993—2000 年期间，1997/1998 年的 El Niño 事件和 NWP 与 SEI 之间-0.5 cm 的 SSHA 差值导致了 Niño 3.4 指数主导。在 2002—2008 年期间，DMI 的主导主要受到 2006—2007 年连续的正 IOD 事件和 NWP 与 SEI 之间 0.99 cm 的 SSHA 差值的影响。在上层流出中，2013—2019 年期间气候因子占主导地位明显，以 DMI 为主导，相对重要性达到 40%。在上层流出中，2013—2019 年期间，2015/2016 年较强的负 IOD 事件、NWP 与 SEI 之间-3.22 cm 的 SSHA 差值以及 2017—2019 年连续发生的正 IOD 事件形成了 DMI 指数的主导地位。

气候模态对 ITF 的流量有显著的调节作用[22, 43, 51, 59]。然而，由于气候模态的复杂性以及它们之间的相互作用，很难明确每个时期的相对重要性[60]。本节研究内容为量化ITF流量对气候模态的响应提供了新的见解。但不同气候模式对ITF斜压流场以及具体年份气候因子对ITF的影响无法详细分析。这些特定气候事件对ITF流量变化的影响可以用这种方法确定重要的气候因子来进一步研究。

第5章 气候模态对印尼贯穿流斜压流场年际变化的影响

5.1 引言

不同气候模态对于ITF正压流场年际变化的影响已经通过RF的方法得出了初步结论[8, 35, 61]，但其对于ITF斜压流场年际变化的影响需要进一步研究。

ITF入流主要分为三个分支：从南海进入卡里马塔海峡的西部路径，从苏拉威西海进入望加锡海峡的中部路径以及从马鲁古海和哈马黑拉海进入印尼海域的东部路径[2, 10, 43]。ITF有许多流出通道，其中最重要的海峡是帝汶通道和翁拜海峡[62, 63]。

为了统一流量的网格分辨率，对CMEMS、HYCOM和OFES 3个独立高分辨率的再分析数据集进行进一步分析，统一网格和插值设置。水平网格设置为0.1°。垂直层数设置为0 m、5 m、10 m、15 m、20 m、30 m、40 m、50 m、60 m、80 m、100 m、120 m、140 m、160 m、180 m、220 m、260 m、300 m、350 m、400 m、450 m、500 m、600 m、700 m、760 m。用于计算通道流量方法已经得到了很好的研究[39, 64]。对于高空间分辨率再分析数据集，计算公式如下：

$$F_{v_{ik}} = \overrightarrow{v_{ik}} \cdot d_{x_i} \cdot d_{z_k}$$

式中，$F_{v_{ik}}$和$\overrightarrow{v_{ik}}$分别为垂直于横断面第i和第k垂直网格的流量和流速；i为截面网格点数的位置($1 \leqslant i \leqslant ns$)；$d_{x_i}$为相邻两个网格点之间的距离；$k$为垂直层数($1 \leqslant k \leqslant nz$)；$d_{z_k}$为相邻两个垂直层之间的距离。

同样地，这里采用线性回归的方法[52,53]来消除ENSO对IOD时间的影响，具体方法见上一章4.1节。

由于地形和水流的影响，流入和流出通道流场具有不同的分布特征。对于流入的中部路径，苏拉威西海携带了大部分的水。苏拉威西海北部受到棉兰老流(MC)的强烈入侵，该截面内部存在气旋性环流，然后向南流动[65]。与其相连的望加锡海峡约占 ITF 流量的 77%[62, 66]。在流入的东部路径，流场结构更为复杂[25]。Yuan 等通过系泊测量发现，马鲁古海 450 m 以下存在较强的西南边界流，而海峡中部和东部存在较明显的北流[32]。哈马黑拉海较浅的通道限制了下层水的流入。

以往的研究关注的是 ITF 整层的变异性[6, 21, 22]，受 ENSO 和 IOD 影响的 ITF 的空间分布不清楚。难点在于不同再分析数据集对 ITF 区域的模拟效果差异较大，传统的线性回归方法无法揭示气候模态与 ITF 之间的非线性关系。上述问题制约了不同气候模态对 ITF 空间结构调节的认识。

为了克服线性回归方法的局限性，选择 RF 模型来量化气候模态(以相应指数表示)对 ITF 空间分布的相对重要性。作为一种集成学习算法，RF 基于 Bagging(通过收缩训练样本生成多个训练样本集的算法思想)。通过 Bootstrap 方法对数据集进行重采样，生成多个不同的数据集，并在每个数据集上训练决策树。然后将各决策树的预测结果合并为 RF 的预测结果。即 RF 将多个弱模型聚合成一个强模型，具有较高的精度和泛化性能[54]。与线性相关和回归方法不同，RF 模型可以揭示变量之间的非线性和复杂关系，可以用来阐明气候模态与 ITF 空间结构之间的非线性和层次关系[67]。

在实施过程中，RF 模型的输入为 ITF 空间网格流量变化序列(因变量)和 Niño 3.4、CP 和 DMI_{new} 指数(自变量)。通过逐个选择不同的自变量特征，RF 模型输出自变量特征对应的重要性。结果是每个自变量的相对重要性。

采用基于精度指标的袋外(OOB)验证程序来衡量不同气候模态的相对重要性[54]。在 RF 模型构建期间，大约 1/3 的总输入数据被随机提取并保留用于模型验证(这就是指 OOB)。然后计算这些 OOB 样本的预测精度。因此，当 OOB 样本被随机混洗时，预测精度的平均下降被定义为变量的相对重要值[55]，相关内容详见 4.1 节。在 RF 模型建立过程中，通过均方根误差(RMSE)来实现其质量控制。并对每个 RF 模型进行多次训练，将 RMSE 控制在一个稳定的低值状态。

$$\mathrm{RMSE} = \sqrt{\frac{1}{M}\sum_{i=1}^{M}(Y_i - T_i)^2}$$

式中，RMSE 表示均方根误差，M 表示同一网格处的流量变化时间点数，Y_i 表示输入的网格流量值，T_i 表示经过 RF 模型训练后的输出值。

每个 ITF 通道的 RF 模型是在一个特定的周期内计算的，这取决于每个 ITF 通道的功率谱峰值周期。RF 模型输出 3 个$\mathrm{MSE}_{\mathrm{OOB}}$，分别对应 Niño 3.4、CP 和 $\mathrm{DMI}_{\mathrm{new}}$ 指标。因此，三个指标的相对重要性计算公式如下：

$$\mathrm{RI}_{\mathrm{index}\_k} = \left(\mathrm{MSE}_{\mathrm{OOB}(\mathrm{index}_k)} \Big/ \sum_{i=1}^{3} \mathrm{MSE}_{\mathrm{OOB}(\mathrm{index}_i)}\right) \cdot 100\%$$

式中，$\mathrm{RI}_{\mathrm{index}_k}$为第 k 个指数的相对重要性（Niño 3.4，CP 和 $\mathrm{DMI}_{\mathrm{new}}$）。$\mathrm{MSE}_{\mathrm{OOB}(\mathrm{index}_k)}$为第 k 个指数所对应的$\mathrm{MSE}_{\mathrm{OOB}(\mathrm{index}_i)}$，$\mathrm{MSE}_{\mathrm{OOB}(\mathrm{index}_i)}$为第 i 个指数（$i=1$，2，3，分别代表 Niño 3.4、CP 和 $\mathrm{DMI}_{\mathrm{new}}$）。

5.2　气候模态对印尼贯穿流斜压流场的相对贡献

为了量化主导气候模态的相对重要性，需首先研究各 ITF 通道空间流场的时间特征。结合流场和空间功率谱特征确定 RF 模型的训练周期。注意，训练周期对应于空间功率谱的峰值。相比之下，Niño 3.4、DMI 和 CP 指数的峰值周期分别为 2~7 a、2~4 a 和 10 a 以内。因此，RF 模型的训练周期按年际时间尺度进行，控制在 10 a 以内。

在 ITF 流入通道中，苏拉威西海最强烈的西向流发生在 80 m 深度处[图 5-1(a)]，平均向西流量及其标准差分别达到 0.43 Sv 和 0.18 Sv。对应的空间功率谱峰值周期为 9 a。基于此，苏拉威西海的 RF 模型训练周期在5~10 a 之间。马鲁古海的结果与苏拉威西海相似[图 5-1(b)]；最强的南向流入发生在 80 m 深度，平均南向流量为 0.20 Sv，标准差为 0.11 Sv。相应的空间功率谱峰值周期为 9 a。考虑 600 m 深度处最大标准差为 0.15 Sv(峰值周期 6 a)，马鲁古海的 RF 模型训练周期为 6~10 a。哈马黑拉海的结果更为复杂[图 5-1(c)]，向南的流量和 80 m 处的标准差分别为 0.29 Sv 和 0.15 Sv，对应的空间功率谱峰值周期为 4 a。在 200~300 m 和 450~760 m 深度处存在 9 a 峰值周期。因此，选择 4~10 a 作为哈马黑拉海的 RF 模型训练周期。

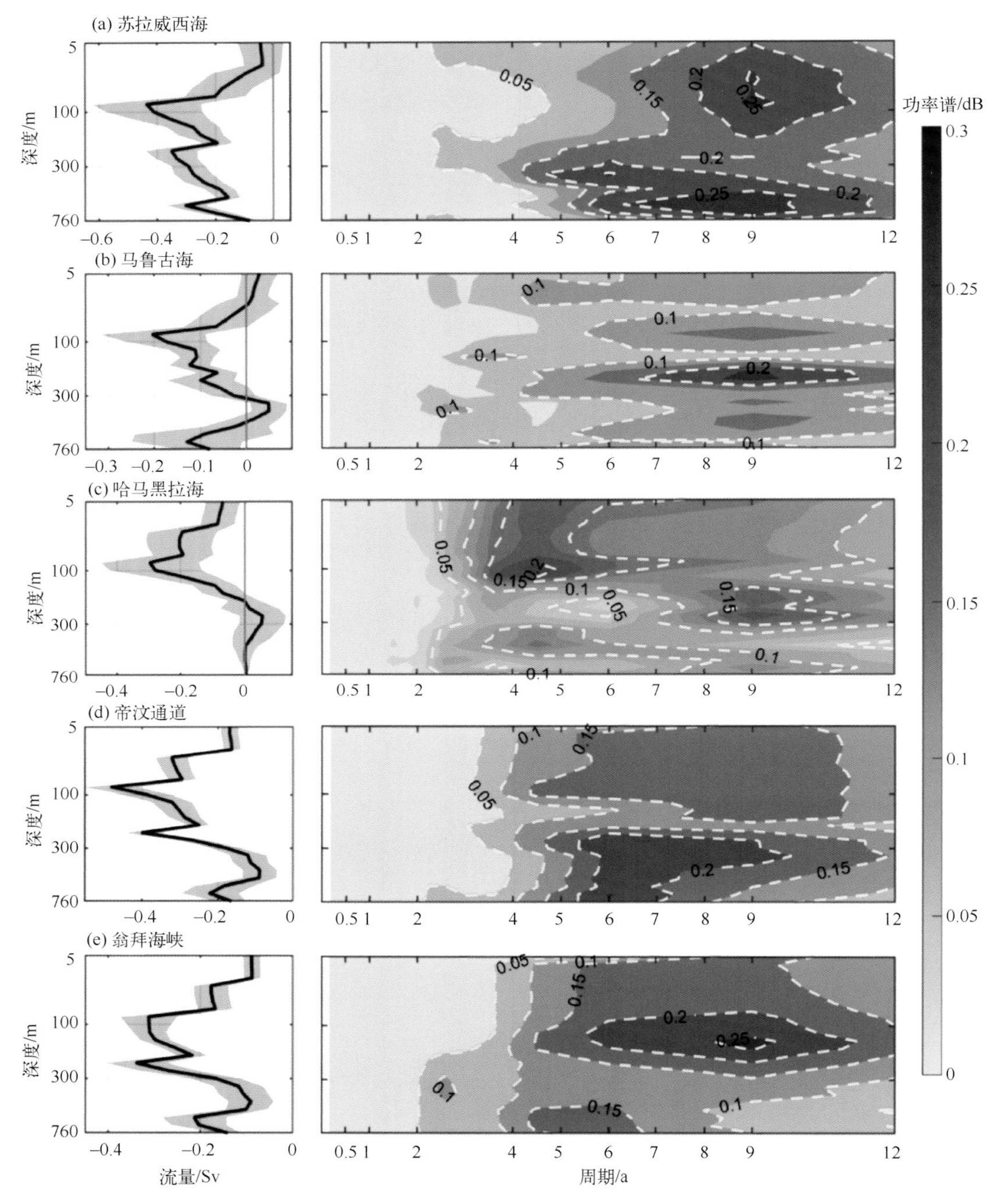

图 5-1　ITF 通道随深度的流量及其空间功率谱

(a)苏拉威西海的流量变化(左图)和相应的空间功率谱(右图)。在左图中，阴影部分表示标准差范围，这是根据 1993—2019 年逐月流量数据的 13 个月平滑计算得出的(三个再分析数据集的平均值)。红线表示流量为 0。在右图中，黄色等值线表示功率谱结果。(b)、(c)、(d)和(e)与(a)相同，但分别对应马鲁古海、哈马黑拉海、帝汶通道和翁拜海峡。

在流出通道上，帝汶通道最强的向西流出发生在 80 m 深度处[图 5-1(d)]，可达 0.48 Sv。相应的标准差为 0.07 Sv，空间功率谱峰值周期为 6 a。结合帝汶通道的体积输运和空间功率谱，得出帝汶通道的 RF 模型训练周期为 5~8 a。翁拜海峡显示的结果与帝汶通道相似，但空间功率谱的平均峰值略大[图 5-1(e)]。向西流最强发生在 220 m 深度处，平均向西流量为 0.34 Sv，标准差为 0.07 Sv。相应的空间功率谱峰值为周期 6 a。根据其空间功率谱，该 ITF 通道的 RF 模型训练周期为 6~9 a。

为了利用所有的再分析数据集，提高 RF 训练结果的可靠性，对再分析数据进行循环(以 9 a 周期为例：1993—2001 年，1994—2002 年……)。ENSO 和 IOD 事件经常同时发生。因此，在训练 RF 模型时采用 DMI_{new} 指数，消除了 Niño 3.4 指数的线性趋势影响。OFES 再分析数据截至 2017 年，之后由 CMEMS 和 HYCOM 再分析数据补偿。注意，在每个 ITF 通道中，不同周期训练的 RF 模型结果之间没有明显差异(结果未显示)，6 a 周期训练 RF 模型结果如下。

利用 ITF 通道内指数的相对重要性中间值(mid-value of relative importance，MRI)和主导网格占比来揭示不同时期 ITF 通道中主导气候模态的空间分布和相对重要性(图 5-2)。在本节中，主导指数定义为该指数的相对重要性大于 33%且超过其他两个指数。请注意，RF 结果不依赖于不同再分析数据集，即不同数据集结果无明显差异。在 ITF 入流通道中，三个再分析数据集的结果一致，主导气候模态的变化及其空间分布相对一致。在 ITF 流出通道中，CMEMS 和 OFES 的结果相对一致。然而，由于对流场的模拟较差，HYCOM 不能很好地反映下层主导气候模态的变化。此外，由于空间分辨率较粗，OFES 对翁拜海峡的空间场模拟不完整。为了消除不同数据集之间的误差，下面的结果采用了三个数据集的集成。

可以发现，主导气候模态有 5 个显著变化时期(图 5-2)。主导气候模态的第一次变化发生在开始年份 2000—2001 年(结束年份 2005—2006 年)。主导气候模态的第二次到第四次变化发生在连续较短的时间内，分别发生在开始年份 2006 年、2008 年和 2010 年(结束年份 2011 年、2013 年和 2015 年)。因此，我们选取了 ENSO 气候模态主导时期、IOD 气候模态主导时期、ITF 通道中主导气候模态快速变化时期以及 ENSO 和 IOD 气候模态共同主导时期这四个时期进行进一步分析。

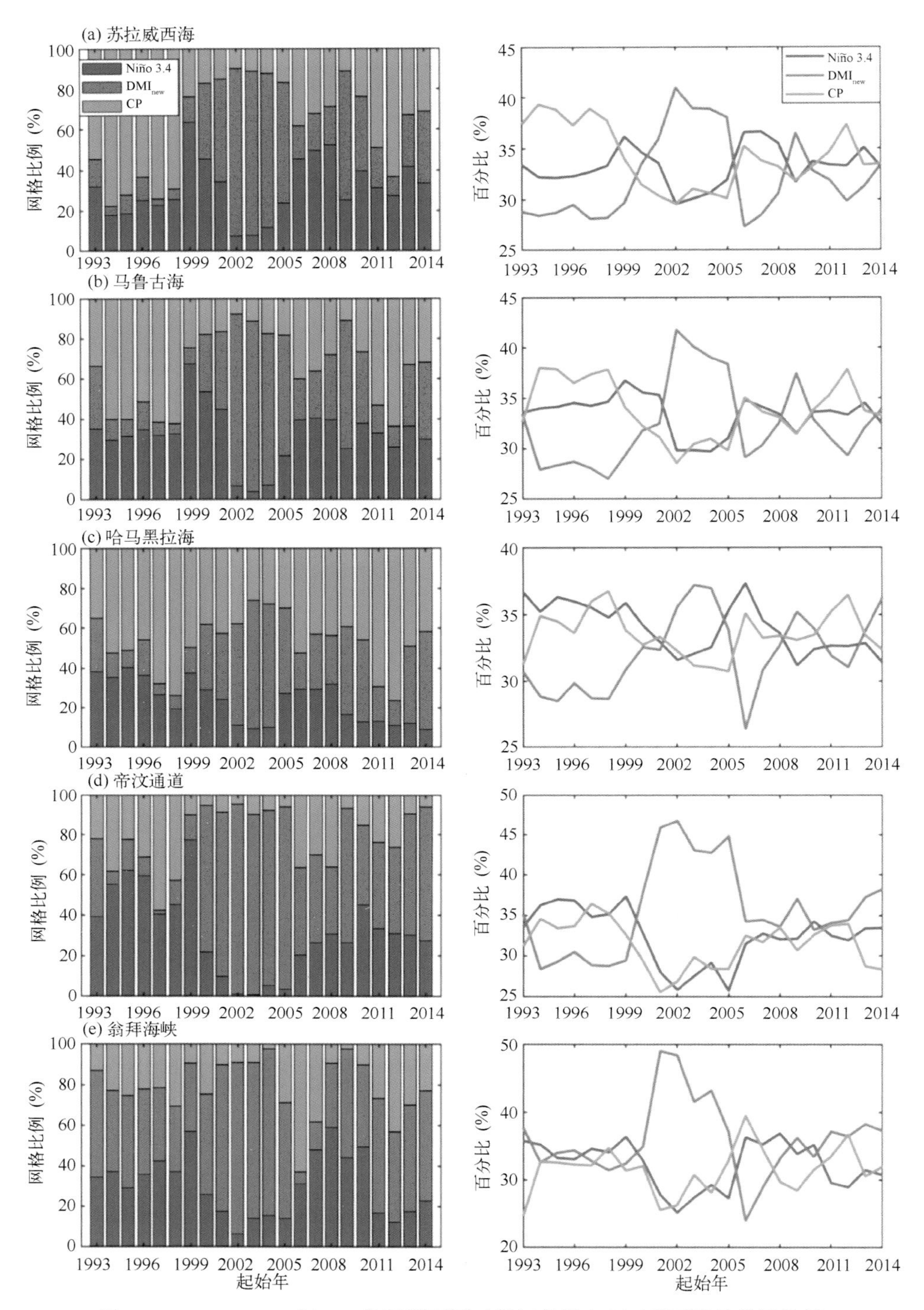

图 5-2 1993—2019 年 ITF 各通道不同时期气候模态相对重要性的统计结果

结果基于以 6 a 为周期和三个再分析数据集的平均 RF 模型训练结果。(a)苏拉威西海的统计结果。左图和右图分别显示了每个气候模态的网格比例和 MRI 随起始年份的变化。(b)-(e)与(a)相同，但分别适用于马鲁古海、哈马黑拉海、帝汶通道和翁拜海峡。蓝色、红色和绿色分别为 Niño 3.4、DMI_{new}和 CP 指数。

5.2.1 ENSO 气候因子主导时期

在开始年份 1993—1999 年(结束年份 1998—2004 年),CP 和 EP 在苏拉威西海、马鲁古海、哈马黑拉海和帝汶通道中占主导地位[图 5-2(a)-(d)],而 EP 和 IOD 在翁拜海峡中共同占主导地位[图 5-2(e)]。

在 ITF 流入通道中,苏拉威西海[图 5-3(a)]显示 CP 和 EP 的南北偶极子分布形式。即 CP 主导北部的 MC,EP 在南部主导苏拉威西海的气旋环流外流,MRI 分别为 37.39%和 33.42%。

在马鲁古海[图 5-5(a)]和哈马黑拉海[图 5-7(a)]中,分别显示了 CP-EP-CP 和 EP-CP-EP 两种分层响应。在马鲁古海(哈马黑拉海)中,CP 和 EP 在 70 m(100 m)和 400 m(300 m)处划分,MRIs 分别为 37.37%(34.51%)和 34.24%(36.33%)。在 ITF 流入通道中,IOD 没有连续的主导区域。

在 ITF 流出通道中,帝汶通道和翁拜海峡均具有垂直偶极子分布形式,分别为 EP-CP 和 IOD-EP。在帝汶通道[图 5-8(a)]中,以 EP 和 CP 为主导的区域主要存在于上层(5~150 m)和下层(150~760 m)[14],其 MRI 分别为 36.29%和 34.57%。IOD 优势区主要集中在 8.9°—9.2°S 的 250~450 m 和 9.8°—10°S 的 5~70 m,MRI 较低,为 28.41%。在翁拜海峡中[图 5-9(a)],EP 和 IOD 的相对重要性是相当的。IOD 和 EP 的主导区域主要分布在 5~60 m 和 60~760 m,MRI 分别为 32.42%和 36.41%。

在此期间,ENSO 的主导地位可能与 1997—1998 年持续的强 El Niño 事件有关。Wyrtki 认为 ITF 的正压变化受太平洋和印度洋之间海表面高度压力梯度的调节[41]。由于 NWP 负的 SLA[图 5-4(g)],所有的 ITF 流入(流出)通道都显示上层流入(流出)的流量减少[图 5-4(a)-(e)]。ENSO 对 ITF 流入通道的影响大于对 ITF 流出通道的影响。向西向下传播的罗斯贝波到 ITF 流入通道,加强下层 ITF 流入[15, 60]。在苏拉威西海,Hao 等研究表明,MC 流入受到苏拉威西海中气旋环流向南流出的调节,增加了其主导驱动因子空间场分布的复杂性[65]。

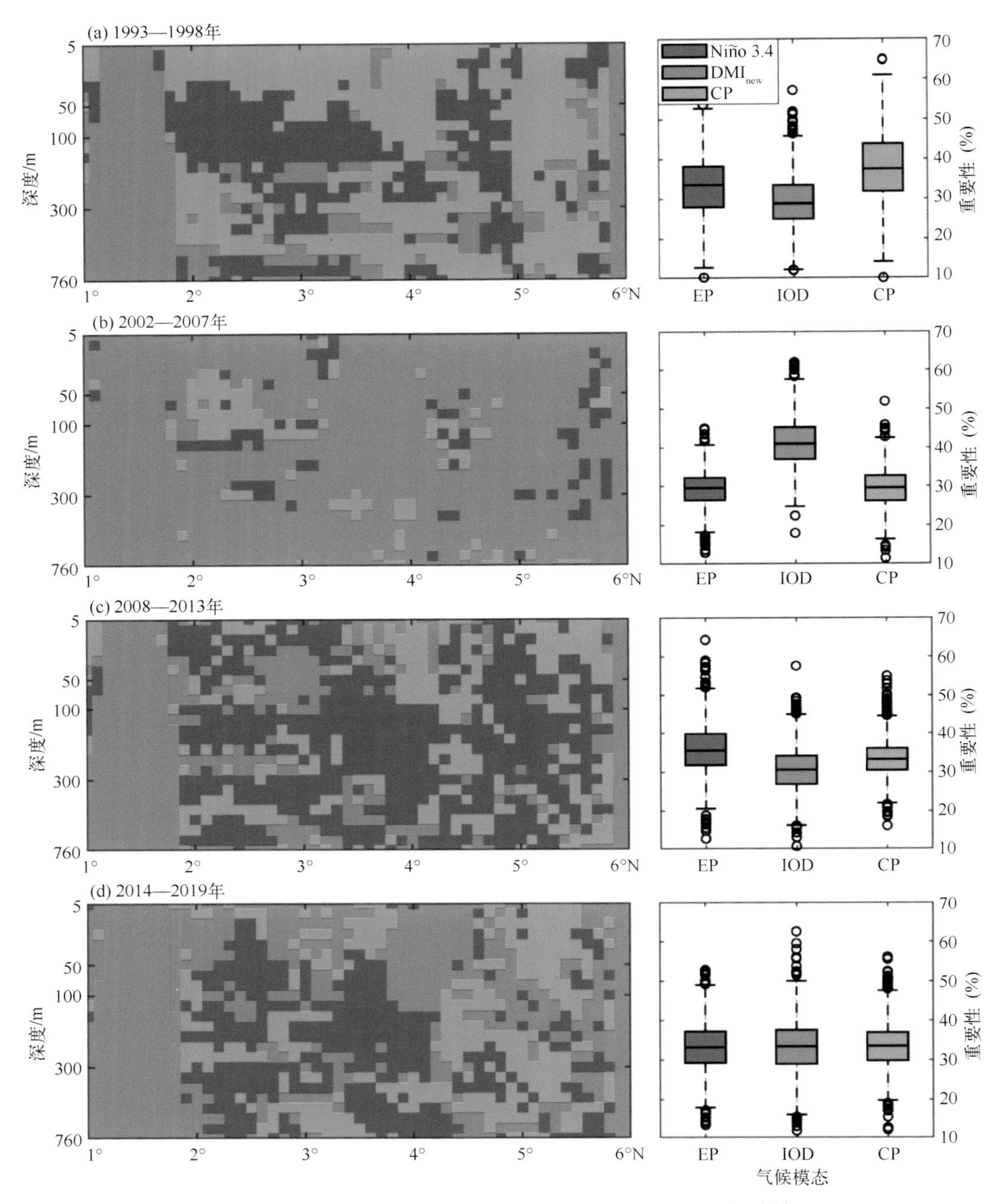

图 5-3　1993—2019 年苏拉威西海气候模态显著特征的部分结果

以上结果为三个再分析数据集以 6 a 为周期进行训练的 RF 模型平均结果。(a) 1993—1998 年期间气候模态的空间分布和统计结果。左图显示了基于网格流量的相对重要气候因子的空间分布，右图显示了不同气候模态对所有网格的相对重要性。黑线和两个框边界分别代表中位数、25% 和 75% 四分位数。蓝色、红色和绿色分别为 Niño 3.4、DMI$_{new}$ 和 CP 指数。(b)-(d) 与 (a) 相同，但分别针对 2002—2007 年、2008—2013 年和 2014—2019 年期间。

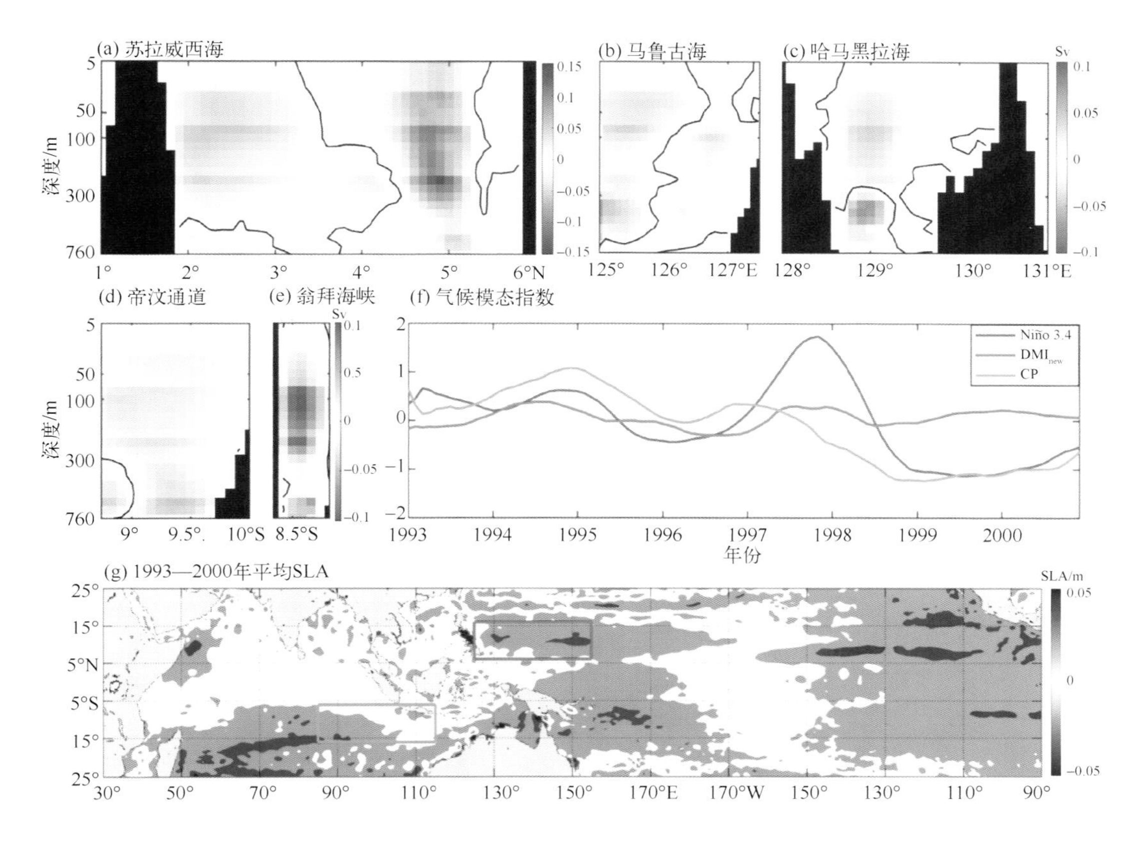

图 5-4　1993—2000 年 ITF 流入和流出通道的典型流量场、ENSO 和 IOD 气候模态的指数和平均 SLA 变化

(a) 1997—1998 年冬季（12 月至翌年 2 月）苏拉威西海的流量场结构。(b)-(e) 与 (a) 相同，但分别针对马鲁古海、哈马黑拉海、帝汶通道和翁拜海峡。流量的单位为 Sv（$1\ Sv = 10^6\ m^3/s$）。(f) 1993—2000 年 ENSO 和 IOD 气候模态指数的变化，均使用 13 个月平滑结果。(g) 1993—2000 年期间的 SLA 平均。红框和绿框中的范围分别为 NWP（6°—16°N，125°—155°E）和 SEI（6°—16°S，85°—115°E）。SLA 的单位为 m。

此外，各通道的空间结构差异可能与水团的来源有关，如帝汶通道受 ITF 东部路径的影响较大。帝汶通道的上层水来自班达海[26]，该海峡连接着 ITF 的东部路径[10]。

5.2.2　IOD 气候因子主导时期

在开始年份 2000—2001 年（结束年份 2005—2006 年），IOD 的相对重要性逐渐增加。在开始年份 2002—2005 年（结束年份 2007—2010 年），IOD 在所有 ITF 通道中占据主导地位[图 5-2(a)-(e)]。

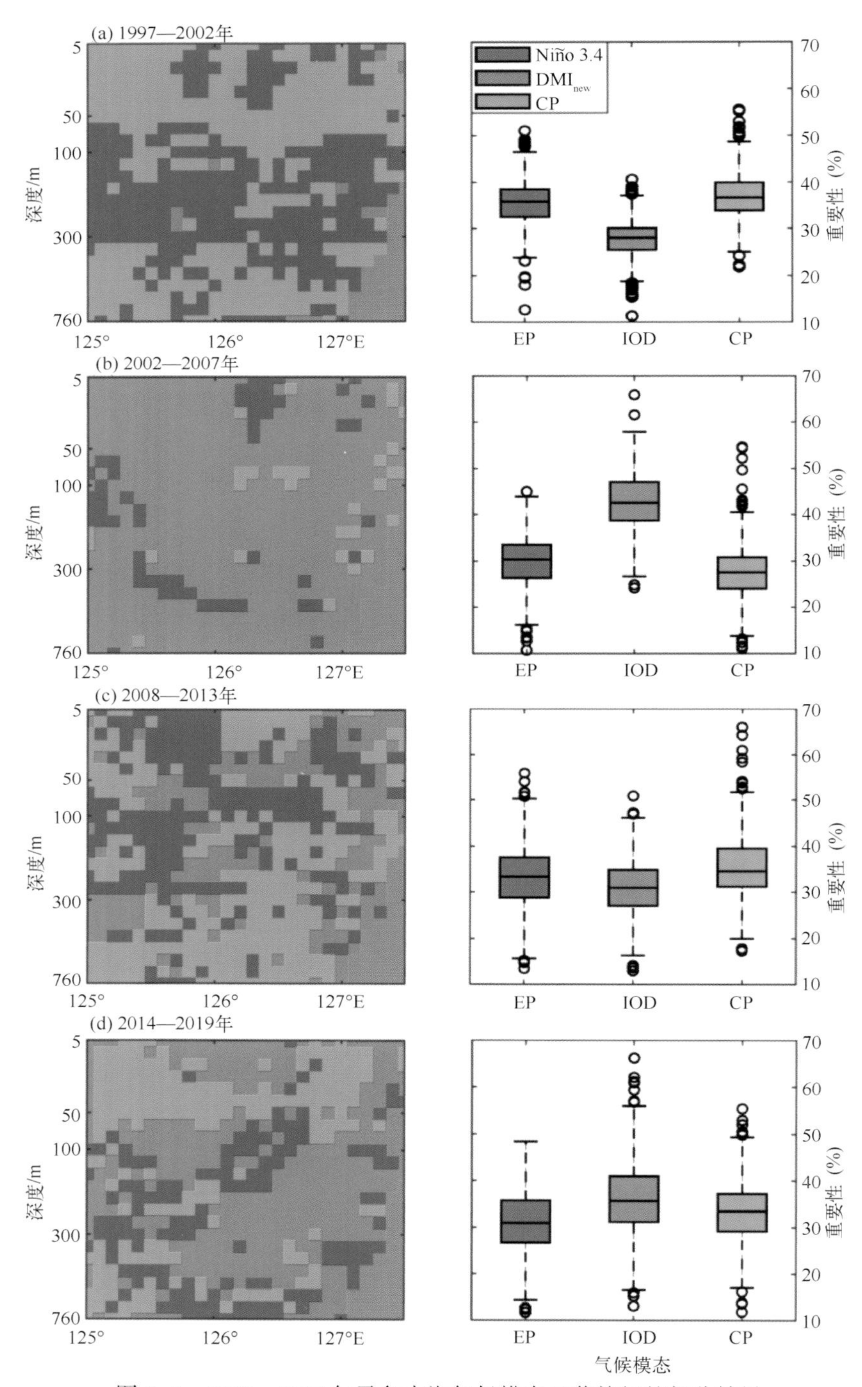

图 5-5　1997—2019 年马鲁古海气候模态显著特征的部分结果

以上结果为三个再分析数据集以 6 a 为周期进行训练的 RF 模型平均结果。(a)1997—2002 年期间气候模态的空间分布和统计结果。左图显示了基于网格流量的相对重要气候因子的空间分布，右图显示了不同气候模态对所有网格的相对重要性。黑线和两个框边界分别代表中位数、25%和 75%四分位数。蓝色、红色和绿色分别为 Niño 3.4、DMI_{new}和 CP 指数。(b)-(d)与(a)相同，但分别针对 2002—2007 年、2008—2013 年和 2014—2019 年期间。

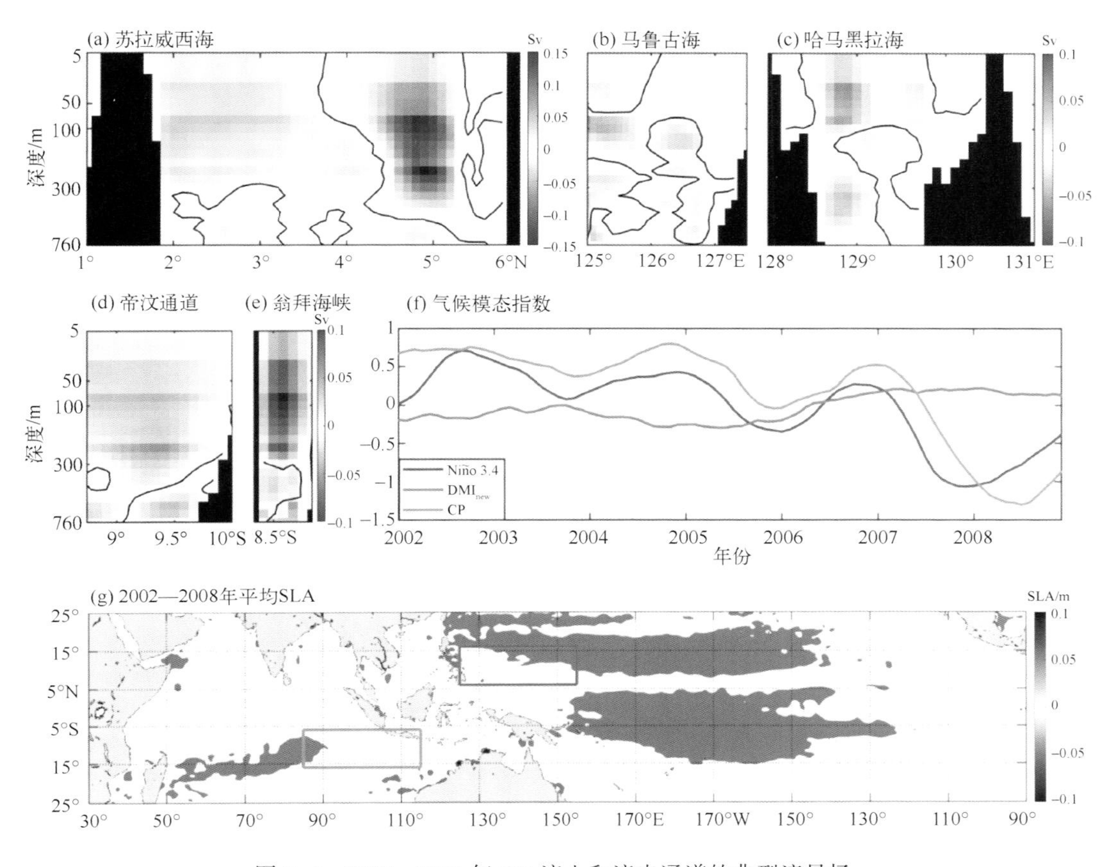

图 5-6 2002—2008 年 ITF 流入和流出通道的典型流量场、ENSO 和 IOD 气候模态的指数和平均 SLA 变化

(a)2006—2007 年冬季(12 月至翌年 2 月)苏拉威西海的体积输送场结构。(b)-(e)与(a)相同，但分别针对马鲁古海、哈马黑拉海、帝汶通道和翁拜海峡。流量的单位为 Sv(1 Sv = 10^6 m^3/s)。(f)2002—2008 年 ENSO 和 IOD 气候模态指数的变化，均使用 13 个月平滑结果。(g)2002—2008 年期间的 SLA 平均。红框和绿框中的范围分别为 NWP(6°—16°N，125°—155°E)和 SEI(6°—16°S，85°—115°E)。SLA 的单位为 m。

在 ITF 流入通道中，整个苏拉威西海、马鲁古海和哈马黑拉海主要由 IOD 主导，其 MRI 分别为 40.95%、41.76% 和 37.21%，大于其他两者。在苏拉威西海[图 5-3(b)]中，IOD 主导 MC 流入，而 CP 的主导区域主要出现在 1.8°—3.2°N 的 30~150 m。在马鲁古海中[图 5-5(b)]，EP 的主导区域主要分布在 125°—125.3°E 的 50~200 m 和 126.2°—126.6°E 的 5~40 m。在哈马黑拉海[图 5-7(b)]，在 80~120 m 和 300~400 m 深度范围内，CP 占主导地位。

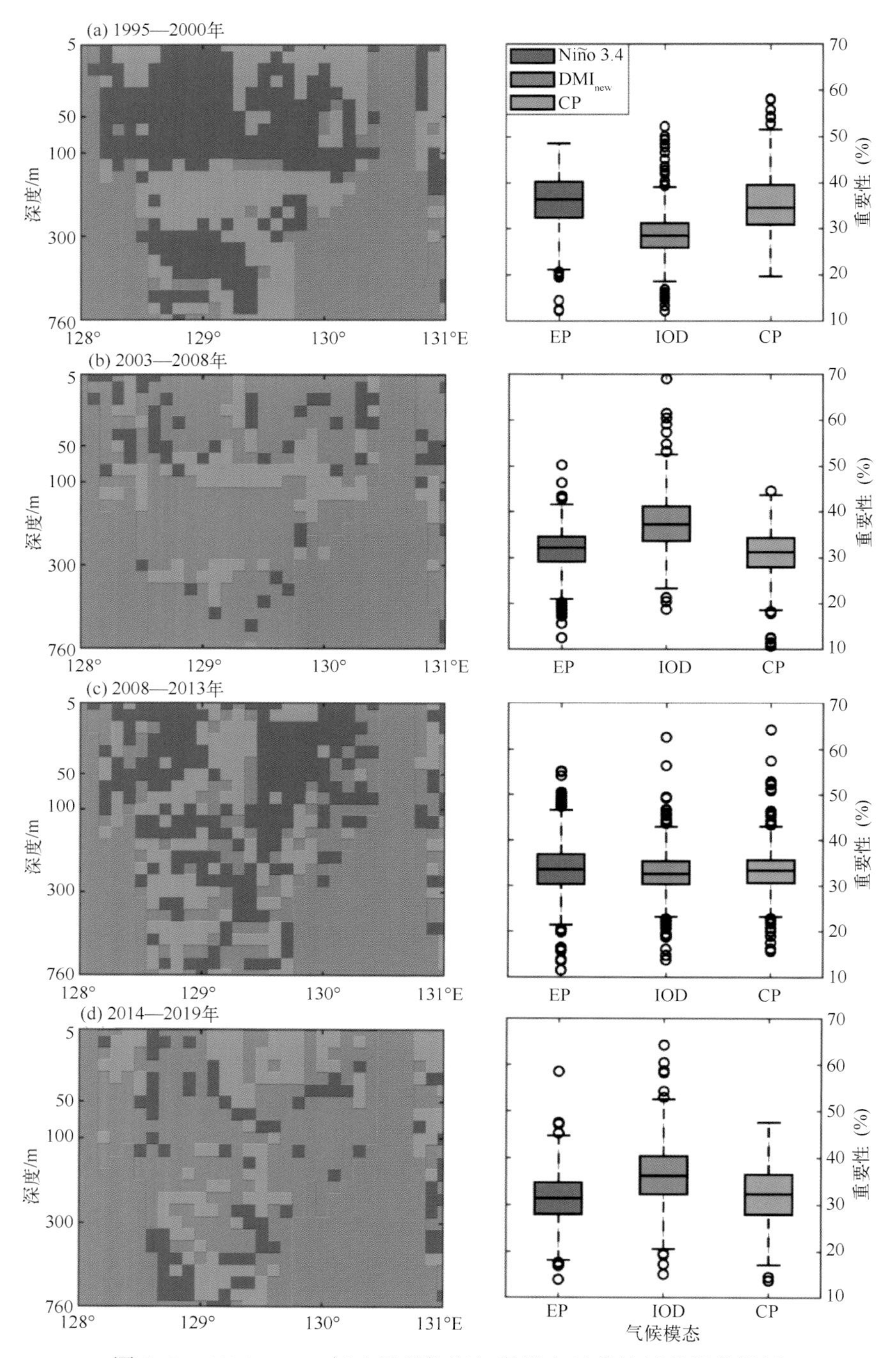

图 5-7　1995—2019 年哈马黑拉海气候模态显著特征的部分结果

以上结果为三个再分析数据集以 6 a 为周期进行训练的 RF 模型平均结果。(a) 1995—2000 年期间气候模态的空间分布和统计结果。左图显示了基于网格流量的相对重要气候因子的空间分布，右图显示了不同气候模态对所有网格的相对重要性。黑线和两个框边界分别代表中位数、25%和 75%四分位数。蓝色、红色和绿色分别为 Niño 3.4、DMI$_{new}$和 CP 指数。(b)-(d) 与 (a) 相同，但分别针对 2003—2008 年、2008—2013 年和 2014—2019 年期间。

在 ITF 流出通道中，IOD 在帝汶通道和翁拜海峡均显示出较大的 MRI，2002—2007 年分别为 46.71%和 48.31%。在帝汶通道[图 5-8(b)]中，CP 和 EP 占主导地位的区域较小，主要分布在 8.75°—8.9°S 的 110~260 m 和 9.8°—10°S 的 40~450 m，MRI 分别为 25.89%和 26.92%。在翁拜海峡中[图 5-9(b)]，EP 和 CP 的主导区域分别出现在 8.45°—8.83°S 的 200~260 m 和 8.33°—8.38°S 的 150~200 m，MRI 分别为 25.21%和 26.30%。

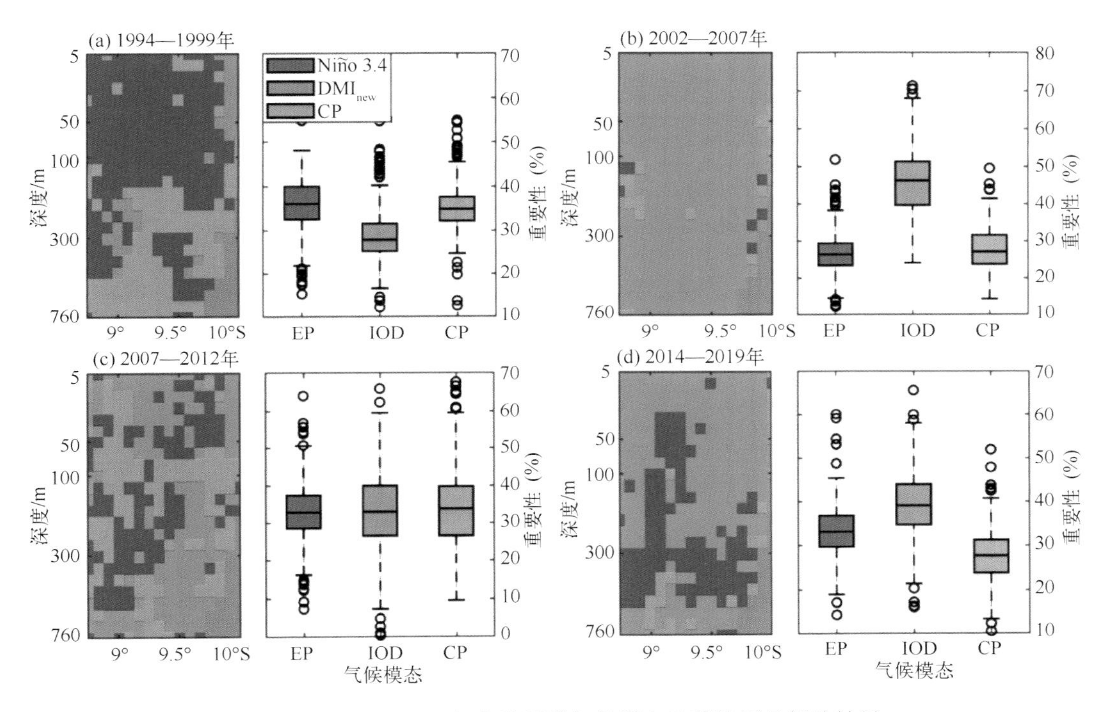

图 5-8　1994—2019 年帝汶通道气候模态显著特征的部分结果

以上结果为三个再分析数据集以 6 a 为周期进行训练的 RF 模型平均结果。(a) 1994—1999 年期间气候模态的空间分布和统计结果。左图显示了基于网格流量的相对重要气候因子的空间分布，右图显示了不同气候模态对所有网格的相对重要性。黑线和两个框边界分别代表中位数、25%和 75%四分位数。蓝色、红色和绿色分别为 Niño 3.4、DMI_{new}和 CP 指数。(b)-(d)与(a)相同，但分别针对 2002—2007 年、2007—2012 年和 2014—2019 年期间。

2006—2007 年期间连续的正 IOD 事件可能在很大程度上促成了这一结果。在正 IOD 事件期间，Walker 环流在印度洋侧产生东向异常，进一步导致 NWP 与 SEI 之间的洋际间压力梯度为正[图 5-6(g)]，从而促进了 ITF 流量[49]。在 ITF 流入通道中，相对于平均年份的流入增加[图 5-6(a)-(c)]。此外，ITF 流出通道受到 IOD 的影响比 ITF 流入通道更大。由于连续的正 IOD 事件，上升的开尔文波向东传播，进一步削弱了下层的流量[15, 49, 60]。因此，在帝汶通道[图 5-6(d)]和翁拜海峡[图 5-6(e)]中，上层和下层的流量分别显示出增强和减弱。

5.2.3 主导气候因子快速变化时期

在 ITF 流入通道中，在开始年份 2006—2012 年(结束年份 2011—2017 年)连续发生了两次主导气候模态的快速变化[图 5-2(a)-(c)]，使得主导气候模态难以判断。在开始年份 2006—2008 年(结束年份 2011—2013 年)，CP 和 EP 占据主导地位。然而，在开始年份 2009 年(结束年份 2014 年)，IOD 占据主导地位。然后，在开始年份 2011—2012 年(结束年份 2016—2017 年)，CP 和 EP 占主导地位。在苏拉威西海中，由 EP 和 CP 主导的区域在 2008—2013 年间非常混乱[图 5-3(c)]。在马鲁古海和哈马黑拉海中，以 EP、CP 和 IOD 气候模态主导的区域相对混合。在马鲁古海中[图 5-5(c)]，EP、CP 和 IOD 在 125.5°—126.1°E 的 5~280 m、125.8°—127°E 的 320~760 m 和 125°—125.4°E 的 280~400 m 处占主导地位，MRI 分别为 33.34%、32.56%和 33.09%。在哈马黑拉海[图 5-7(c)]中，考虑到相似的统计特征，EP、IOD 和 CP 的 MRI 分别为 33.61%、32.70%和 33.41%。

在 ITF 流出通道中，帝汶通道显示 EP、CP 和 IOD 气候模态在开始年份 2006—2012 年(结束年份 2011—2017 年)中发挥了相当大的作用[图 5-2(d)]。特别是在开始年份 2009 年(结束年份 2014 年)，IOD 的相对重要性更大。EP、IOD 和 CP 分离不佳，2007—2012 年的 MRI 分别为 32.73%、34.43%和 31.67%[图 5-8(c)]。在翁拜海峡中，IOD 的相对重要性在此期间逐渐增加[图 5-2(e)]。在起始年份 2006—2008 年(结束年份 2011—2012 年)，CP 和 EP 的相对重要性依次上升。在起始年份 2007—2012 年，EP 和 CP 共同主导翁拜海峡[图 5-9(c)]，MRI 分别为 35.29%和 34.59%。在开始年份 2009—2012 年(结束年份 2013—2017 年)，EP 和 IOD 气候模态发挥了相当大的作用。

所有的 ITF 流入通道都存在两个主导气候模态的快速变化。在 ITF 流出通道中，翁拜海峡表现出主导气候模态的快速改变，而帝汶通道表明 ENSO 和 IOD 气候模态发挥了相当大的主导作用。这可能与 ENSO 和 IOD 事件同时发生有关，它们对 ITF 起着同样的作用。例如，2010—2011 年 La Niña 和 2011—2012 年正 IOD 事件同时发生，这两个事件都对 ITF 有增强作用[68, 69]。

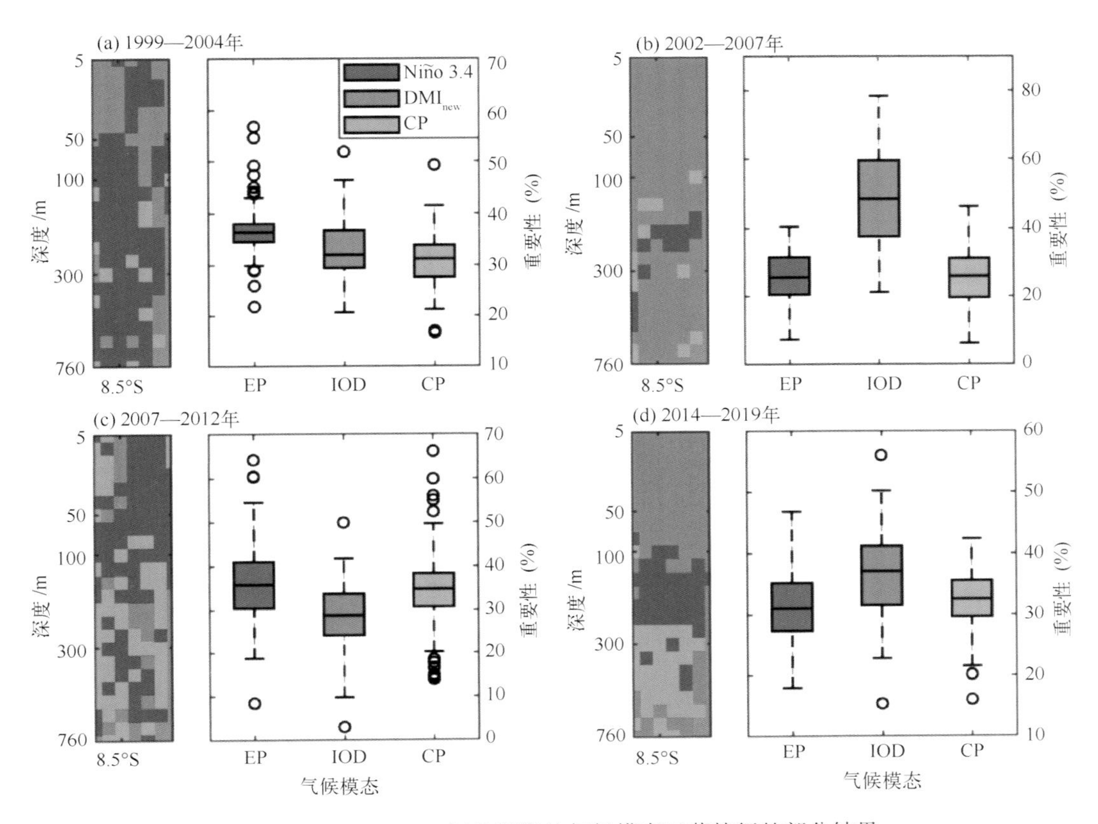

图 5-9　1999—2019 年翁拜海峡气候模态显著特征的部分结果

以上结果为三个再分析数据集以 6 a 为周期进行训练的 RF 模型平均结果。(a) 1999—2004 年期间气候模态的空间分布和统计结果。左图显示了基于网格流量的相对重要气候因子的空间分布，右图显示了不同气候模态对所有网格的相对重要性。黑线和两个框边界分别代表中位数、25%和 75%四分位数。蓝色、红色和绿色分别为 Niño 3.4、DMI_{new} 和 CP 指数。(b)-(d)与(a)相同，但分别针对 2002—2007 年、2007—2012 年和 2014—2019 年期间。

5.2.4　ENSO 和 IOD 气候因子共同作用时期

在 ITF 通道中，在开始年份 2013—2014 年(结束年份 2018—2019 年)苏拉威西海和马鲁古海显示 IOD 的相对重要性逐渐增加[图 5-2(a)-(b)]。其中，在 2014—2019 年期间，苏拉威西海和马鲁古海分别表示 IOD-EP 和 CP-IOD 的垂直偶极子响应。在苏拉威西海[图 5-3(d)]中，IOD 在上层表现出更大的优势，而 EP 主要在南侧向东流动的下层占主导地位。在马鲁古海中[图 5-5(d)]，IOD 的主导区域主要集中在 125.2°—126.2°E 的 50~100 m 和 125.8°—127°E 的 100~450 m。CP、IOD 和 EP 气候模态的 MRI 分别为 32.43%、33.89%和 33.23%，表明 IOD 的相对重要性较高。

在此期间，IOD 在哈马黑拉海、帝汶通道和翁拜海峡的上层占主导地位［图 5-2(c)-(d)］。在哈马黑拉海［图 5-7(d)］中，IOD 在 128.2°—130.2°E 的 30~280 m 处占主导地位，也是向南流动较强的区域，MRI 为 36.27%。CP 的主导区域主要分布在 128.8°—129.5°E 的 400~760 m，MRI 为 32.34%，与 IOD 形成垂直偶极子响应。在帝汶通道［图 5-8(d)］中，IOD 的主导区域主要存在于 5~280 m 和 450~760 m，MRI 相对较高，为 38.27%。EP 在 9.2°—9.8°S 的 30~450 m 和 280~450 m 占主导，MRI 为 33.46%。IOD 和 EP 的优势区形成一个三层空间分布结构，即 IOD-EP-IOD。在翁拜海中［图 5-9(d)］，IOD、EP 和 CP 的主导区域形成一个四层模型，分别在 5~150 m、450~760 m、150~250 m 和 250~450 m 处占优势。IOD、EP 和 CP 的 MRI 分别为 37.27%、30.74%和 32.00%，表明 IOD 占主导地位。

在此期间，EP、IOD 和 CP 在所有 ITF 通道中共同发挥主导作用，这主要是由连续发生的几个 ENSO 和 IOD 事件引起的。2015 年强 EP El Niño、CP El Niño 和强的正 IOD 事件同时发生。而在 2016 年，EP La Niña 和强劲的负 IOD 事件共同发生。连续 CP La Niña 和正 IOD 事件也在 2018—2019 年期间发生，它们对 ITF 的影响同样增强。特别是在大多数 ITF 通道中，IOD 在上层的相对重要性明显增强。这一结果可能与 2015/2016 年强的负 IOD 事件有关，导致 ITF 输运减少[58]。强的负 IOD 事件抬升了印度洋一侧的 SLA，直接抑制了太平洋和印度洋之间的压力梯度。与此同时，与 IOD 事件相关的向下传播的开尔文波也发挥了重要作用。

5.3 小结

本章利用 1993—2019 年三个独立的再分析数据集，获得了 ITF 通道的时空特征。对于 ITF 流入，苏拉威西海的主要流入和流出分别是棉兰老流和南侧的内部气旋环流。马鲁古海在西侧 125°—125.7°E 的 450~760 m 处有南向流动，而较强的向南流动主要在 128.4°—129.2°E 的 5~200 m 处。苏拉威西海、马鲁古海和哈马黑拉海的入流通道空间功率谱分别存在 9 a、9 a 和 4 a 的周期峰值。对于 ITF 出流，帝汶通道几乎全向西流动。在翁拜海峡中，300 m 层以上的西向流动较强。帝汶通道和翁拜海峡的空间功率谱峰值周期均为 6 a。

RF 模型结果显示出三个存在主导气候模态的时期。1993—2004 年，受 1997—1998 年强 El Niño 事件影响，苏拉威西海、马鲁古海、哈马黑拉海和帝汶通道均以 EP 和 CP El Niño 为主导。值得注意的是，不同的通道有不同的斜压响应。在苏拉威西海中，CP 和 EP El Niño 分别在棉兰老流流入区和气旋环流流出区占主导地位，并具有南北偶极子响应。马鲁古海和哈马黑拉海分别表现为 CP-EP-CP 和 EP-CP-EP 三层响应。在帝汶通道中，EP-CP 有垂直偶极子响应。在翁拜海峡中，EP El Niño 和 IOD 分别在下层和上层发挥作用，形成垂直偶极子响应。2002—2010 年，所有的 ITF 通道都以 IOD 气候模态为主，均表现出正压响应。其中苏拉威西海、马鲁古海、帝汶通道、翁拜海峡的 MRI 均大于 40%，翁拜海峡在 2002—2007 年 MRI 大于 48%。结果表明，2006—2007 年连续的正 IOD 事件对各 ITF 通道的流量变化贡献较大。2013—2019 年，所有 ITF 通道均显示出 IOD 气候模态的相对重要性逐渐增加。EP、CP El Niño 和 IOD 均发挥作用，但垂直响应不同。在 ITF 流入通道中，存在垂直偶极子响应。其中，苏拉威西海和哈马黑拉海均显示出上层以 IOD 为主导，马鲁古海下层以 IOD 为主导。在流出通道中，存在复杂的垂直结构。帝汶通道和翁拜海峡上层均以 IOD 气候模态为主。在帝汶通道中，存在 IOD-EP-IOD 三层响应。翁拜海峡显示为 IOD-EP-CP-IOD 四层模式。

表 5-1 总结了 ITF 各海峡通道气候模态有关的正压和斜压结构。对于正压响应，当 IOD 占主导地位时，存在整体的分布结构，即 ITF 通道内的流量在上层和下层几乎分别为正、负变率。斜压响应有两种结构，分别是偶极子结构和三层结构。对于偶极子结构，可能存在经向或垂直两种结构。经向结构只出现在苏拉威西海内，主要与流场相对应。

表 5-1　在不同开始(结束)年份各 ITF 通道的主导气候因子和分布结构统计

通道	时期		
	1993—1999 年(1998—2004 年)	2002—2005 年(2007—2010 年)	2013—2014 年(2018—2019 年)
苏拉威西海	CP 和 EP	IOD	IOD 和 EP
	偶极子(南北)	整体	偶极子(垂直)
马鲁古海	EP 和 CP	IOD	CP 和 IOD
	三层	整体	偶极子(垂直)
哈马黑拉海	EP 和 CP	IOD	IOD 和 CP
	三层	整体	偶极子(垂直)

续表

通道	时期		
	1993—1999 年(1998—2004 年)	2002—2005 年(2007—2010 年)	2013—2014 年(2018—2019 年)
帝汶通道	EP 和 CP	IOD	IOD 和 EP
	偶极子(垂直)	整体	三层
翁拜海峡	IOD 和 EP	IOD	IOD 和 EP 和 CP
	偶极子(垂直)	整体	四层

注：RF 模型结果均为以 6 a 为周期进行训练，分布结构均来自各个 ITF 通道的典型时期。

ENSO 和 IOD 气候因子对 ITF 斜压流场的影响非常复杂，传统的线性回归和超前滞后无法识别主导驱动因子的空间分布[60]。然而，机器学习方法，如本章中使用的 RF 方法，可以用来克服这些缺点，这为因果分析提供了新的见解。

第6章 印尼贯穿流对同时发生气候事件的不对称响应

6.1 引言

ITF通过苏拉威西海、马鲁古海和哈马黑拉海将太平洋的温暖淡水输送到印尼海域[10]。然后，ITF主要通过帝汶通道、翁拜海峡和龙目海峡流入印度洋[9, 21, 62, 63]。

在年际时间尺度上，ITF体积输运在很大程度上受到气候模态的调控，如ENSO和印度洋偶极子(IOD)[13, 32, 47, 69-71]。一般来说，在El Niño(La Niña)事件期间，由于太平洋信风和Walker环流的减弱(增强)，西太平洋海平面异常(SLA)下降(上升)[45, 50]。在负(正)IOD事件期间，热带东印度洋东部海面存在向下(向上)流动，使得该海域出现正(负)SLA[47, 49]。因此，El Niño(La Niña)和负IOD(正IOD)事件导致ITF流量的减弱(增强)。此外，ITF流量引起的海表温度(SST)变化通过Walker环流反馈到大气中，进一步影响全球和局部气候变化[9, 40, 48]。

然而，不同的气候模态总是同时出现，这阻碍了进一步阐明对ITF输送的相对贡献[7, 67, 72]。例如，El Niño(La Niña)事件经常与正IOD(负IOD)事件同时发生。有许多方法被用来计算不同气候模态的相对影响[4, 24, 27, 30]。Pujiana等[58]结合回归方法得出2016年6—9月望加锡海峡上层ITF明显减少主要受到负IOD事件影响的结论。Zhu和Wang利用多元回归方法提出了ENSO和IOD对ITF流出一侧流量变化的相对贡献[15]。虽然回归方法通常用于揭示相对贡献，但相对简单的操作限制了揭示ENSO和IOD对ITF的非线性和复杂作用关系。目前，机器学习方法越来越受到人们的关注。Li等利用RF模型研究了ITF上下两层流入和流出的变化与ENSO和IOD气候模态之间的关系[14]。然而，这种效果主要依赖于大数据集和大量的计算。

目前，集成相似环流(CCA)分析方法的集成算法思想，通过识别历史上具有相似特征的环流模式的相似项[11]，来区分特殊耦合事件中ENSO和IOD气候模态对ITF变化的相对贡献。

为了研究 ENSO 和 IOD 事件对 ITF 的影响，首先获取多个再分析数据集的逐月 ITF 流量，主要使用 4 个独立的再分析数据集：CMEMS、HYCOM、SODA 和 OFES。考虑到温跃层上下 ITF 变化的明显差异，将流入和流出分为上层(0~300 m)和下层(300~760 m)[9, 13, 15, 29, 58]。

为了量化 ENSO 和 IOD 耦合期间对 ITF 流量变化的影响，采用了 CCA 分析方法的算法思想，也充分保留了不同气候模态对 ITF 的复杂非线性影响。该方法主要分为以下三个步骤：

第一步是子模态的选择。结合 1993—2022 年 ENSO 和 IOD 发生的历史事件，将 ENSO 和 IOD 单独发生的时期进一步划分为独立于 IOD 的 El Niño 事件、独立于 IOD 的 La Niña 事件、独立于 ENSO 的正 IOD 事件和独立于 ENSO 的负 IOD 事件。在这段时间内，流入和流出 ITF 的上层和下层的流量变化序列为相应的子模态。

第二步是在 ENSO 和 IOD 耦合期间解耦目标 ITF 流量变化。使用多元线性回归来量化每个子模态对目标的贡献。截取同类型的子模态，引入回归方程，如下：

$$\mathrm{ITF}_{\mathrm{transport}} = \alpha\,\mathrm{ITF}_{\mathrm{ENSO}} + \beta\,\mathrm{ITF}_{\mathrm{IOD}} + \mathrm{Res}$$

$$\alpha\,\mathrm{ITF}_{\mathrm{ENSO}} = \sum_{i=1}^{N} \alpha_i\,\mathrm{ITF}_{\mathrm{El\ Niño\ |\ La\ Niña}_i},\quad \alpha = \sum_{i=1}^{N} \alpha_i$$

$$\beta\,\mathrm{ITF}_{\mathrm{IOD}} = \sum_{j=1}^{M} \beta_j\,\mathrm{ITF}_{\mathrm{positive\ |\ negative\ IOD}_j},\quad \beta = \sum_{j=1}^{M} \beta_j$$

式中，$\mathrm{ITF}_{\mathrm{transport}}$为 ENSO 和 IOD 耦合过程中目标 ITF 流量变化；α 和 β 分别为 ENSO 和 IOD 事件引起的偏回归系数；Res 为残差项。$\alpha\,\mathrm{ITF}_{\mathrm{ENSO}}$和 $\beta\,\mathrm{ITF}_{\mathrm{IOD}}$分别为 ENSO 和 IOD 事件引起的 ITF 流量变化的组成；α_i为 ENSO 子模态的第 i 个回归系数，$1 \leqslant i \leqslant N$；$\beta_j$为 IOD 子模的第 j 个回归系数，$1 \leqslant j \leqslant M$。

第三步是回归方程检验。采用 t 检验方法检验回归方程中各子模态是否显著。所有回归系数均采用 95% 显著性检验。如果通过显著性检验，则选择子模体；否则，剔除子模态，重构回归方程。

6.2 印尼贯穿流体积输运与气候事件的关系

在以往的研究中，4 个独立的再分析数据集都得到了广泛的验证[13, 15, 29]，在模拟 ITF 流量方面表现出较好的性能。在本节中，给出了简要的结果。与望加锡海峡系泊资料对比，ITF 上层和下层流量的逐月变化序列如图 6-1 所示。

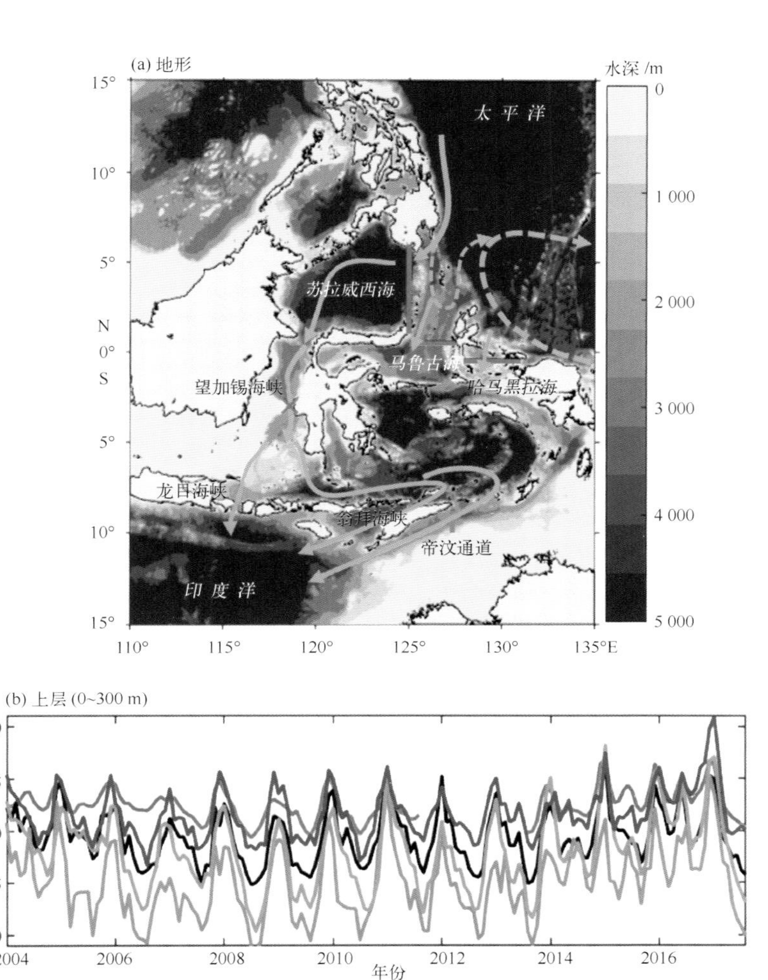

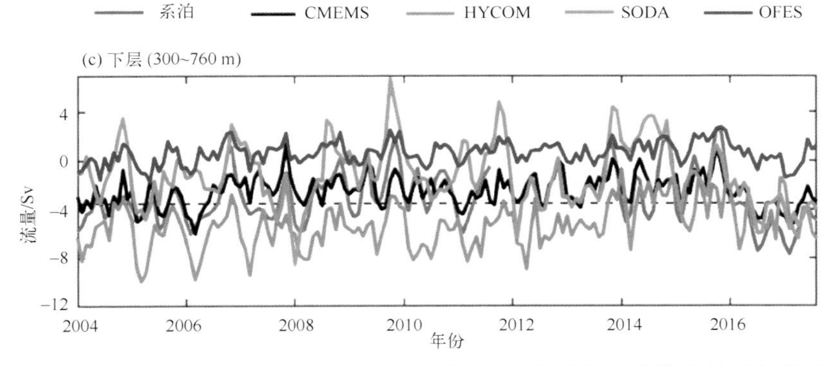

图 6-1 (a)印尼海域的地形和 ITF 的流系分支。ITF 的路径用带箭头的品红线表示。红色×表示望加锡海峡的系泊站。红色和棕色的实线分别表示流入和流出通道。(b)望加锡海峡上层(0~300 m)和下层(300~760 m)系泊和独立再分析数据集的逐月 ITF 流量比较

红、黑、洋红色、绿色和蓝色线表示通过系泊、CMEMS、HYCOM、SODA 和 OFES 在望加锡海峡计算的 ITF 流量。负值表示向印度洋输送的流量增强。流量的单位为 Sv ($1\ Sv = 10^6\ m^3/s$)。再分析数据集是根据 117°—119°E, 2.5°S 截面计算的,该区域与望加锡海峡系泊位置大致处于同一纬度。

结果表明，四个再分析数据均表现出与观测相一致的相位特征，即北方夏季的ITF流量最强，而北方冬季的ITF流量最弱。在上层[图6-1(b)]，OFES表现出很好的性能，而CMEMS、HYCOM和SODA具有更大的ITF流量。在下层[图6-1(c)]，CMEMS和SODA很好地模拟了ITF。HYCOM和OFES表现出较大和较小的ITF流量。

定量比较结果见表6-1。结果表明，四个独立的再分析数据集与望加锡海峡系泊数据的相关系数和均方根误差(RMSE)在上层均大于0.75。其中，CMEMS和OFES与系泊数据的相关性最大、RMSE最小，分别为0.87和1.79 Sv。下层HYCOM和SODA与系泊数据的相关性较弱，分别为0.39和0.55。集合均值的相关系数为0.72。因此，四个独立的再分析数据集的模拟偏差可以被集合平均值极大地抵消[73]，这进一步用于解耦ENSO和IOD对ITF流量的相对贡献。

表6-1 望加锡海峡系泊四个独立再分析数据集的相关系数(R)和均方根误差(RMSE)

		CMEMS	HYCOM	SODA	OFES	平均
R	0~300 m	0.87	0.81	0.85	0.79	0.87
	300~760 m	0.72	0.39	0.55	0.71	0.72
RMSE	0~300 m	3.39	7.79	4.93	1.79	4.25
	300~760 m	1.61	3.15	2.99	4.04	1.81

注：相关系数已通过95%显著性检验。

为了揭示气候模态对流入和流出的不同影响，将ITF划分为两部分：将流入通道定义为苏拉威西海(1°—6°N，125°E)、马鲁古海(0.5°N，125°—127.5°E)和哈马黑拉海(0.5°S，128°—131°E)[13]；流出通道定义为帝汶通道(8.71°—10.02°S，127.35°E)，翁拜海峡(8.33°—8.83°S，125.08°E)和龙目海峡(8.65°S，115.5°—116°E,)[图6-1(a)]。

苏拉威西海、马鲁古海和哈马黑拉海的流场结构复杂，给流入带来了不确定性[29, 32, 74]，其在上层表现出比流出更大的变异性[图6-2(a)]。流入通道和流出通道的标准差分别为5.55 Sv和3.13 Sv。在下层，ITF流入和流出具有相当的范围[图6-2(b)]，标准差分别为1.50 Sv和1.12 Sv。

表6-2对图6-2(c)-(d)中不同类型的ENSO和IOD事件进行了整理。在某些年份，如2002—2003年、2004—2005年、2009—2010年，ENSO事件发生时没有明显的IOD事件。IOD事件也可以独立于ENSO事件发生，如1996—1997年、2005—2006年、2012—2013年、2017—2018年，这些事件与印度洋内部动力学有关[60, 75]。

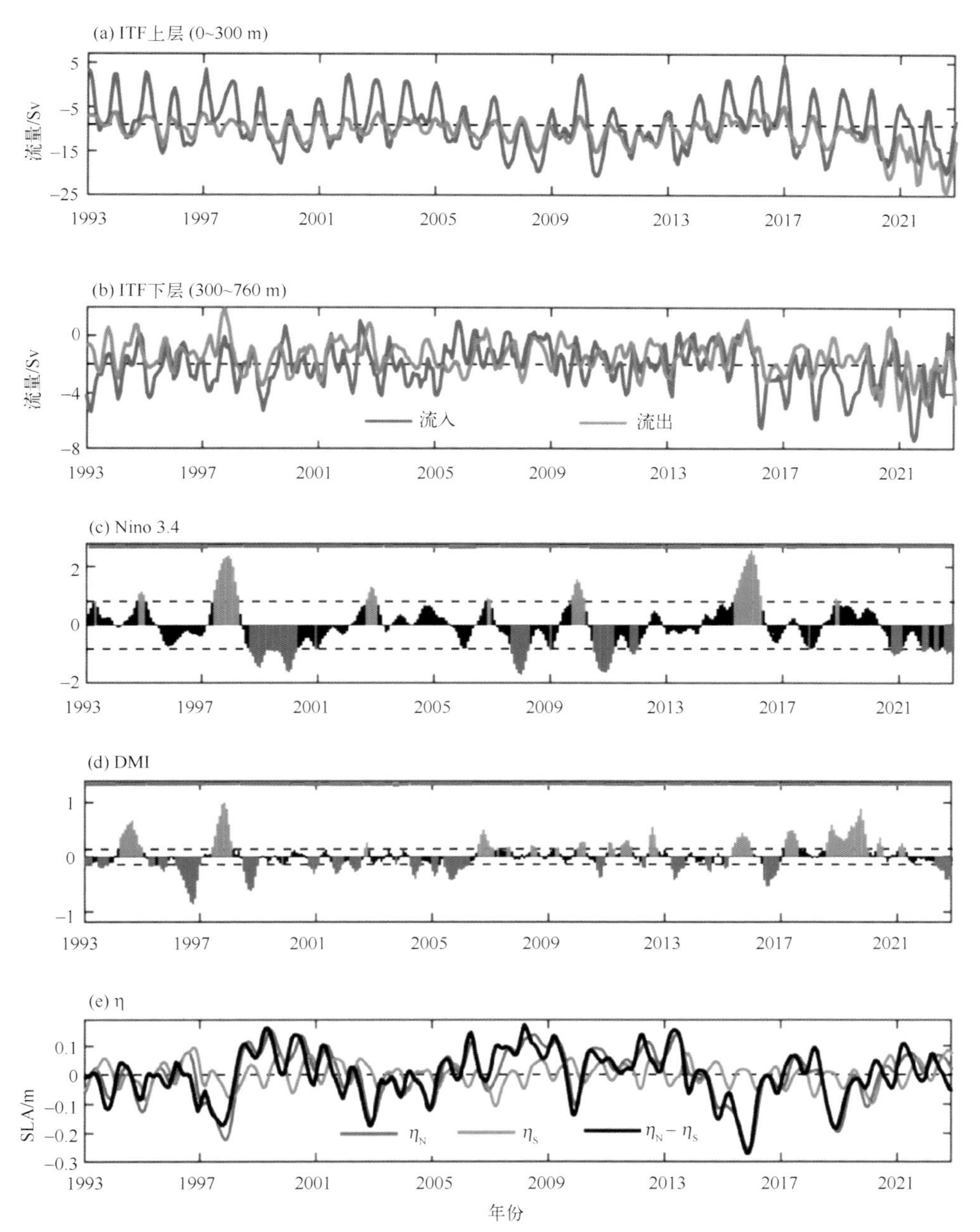

图 6-2　1993—2022 年期间(a)-(b)ITF 流入和流出的上层和下层流量；(c)Niño 3.4 和(d)DMI 指数以及(e)热带西北太平洋(NWP，6°—16°N，125°—155°E)和东南印度洋(SEI，6°—16°S，85°—115°E)的平均 SLA 及其差值。

(a)-(b)中的蓝色实线和橙色实线分别是流入和流出。流量单位为 Sv（1 Sv = 10^6 m^3/s）。(c)-(d)中的橙色和蓝色条分别表示 Niño 3.4 指数的绝对值大于一个标准差和 DMI 指数的一半标准差。(e)中的蓝色实线、橙色实线和黑色实线分别代表 NWP 的平均 SLA、SEI 的平均 SLA 以及 NWP 与 SEI 的平均 SLA 之差。所有数据均采用 3 个月滑动平均值进行平滑处理。

将独立 ENSO 和 IOD 事件期间的平均 ITF 流量变化序列视为相应的子模态，利用它们来解耦合 ENSO 和 IOD 事件期间对 ITF 的相对贡献。耦合的气候事件有 El Niño 与正 IOD 和 La Niña 与负 IOD 两种类型。

表 6-2　1993—2022 年 ENSO 和 IOD 事件的子模态和目标

事件	年份
独立于 IOD 的 El Niño	2002—2003 年，2004—2005 年，2009—2010 年
独立于 IOD 的 La Niña	1995—1996 年，1999—2000 年，2008—2009 年，2020—2021 年
独立于 ENSO 的正 IOD	2012—2013 年，2017—2018 年
独立于 ENSO 的负 IOD	1996—1997 年，2005—2006 年
El Niño 与正 IOD 同时发生	1994—1995 年，1997—1998 年，2006—2007 年，2015—2016 年，2018—2019 年
La Niña 与负 IOD 同时发生	1998—1999 年，2010—2011 年，2016—2017 年，2021—2022 年

6.3　独立发生气候事件对印尼贯穿流的贡献

6.3.1　独立发生的 ENSO 事件

在确定 ENSO 和 IOD 事件的子模态后，将进一步阐明相关的 ITF 的流量变化。在独立于 IOD 的 ENSO 事件中[图 6-3(a)]，太平洋一侧的 SLA 低于平均年[图 6-2(e)]，减弱了上层的 ITF 输送[74]。从 9 月到翌年 1 月，ITF 的变化明显减小[图 6-3(c)]。此外，可以发现 El Niño 滞后于 ITF 上层输送 0~2 个月，流入和流出的相关系数分别为 0.82 和 0.66[图 6-4(a)和(b)]。结果表明，ENSO 对 ITF 流入的影响大于对 ITF 流出的影响。当独立于 IOD 的 La Niña 事件发生时[图 6-3(b)]，上层 ITF 的变化是相反的。受太平洋正 SLA 的影响，翌年 1—9 月上层 ITF 显著增加。还可以发现，ITF 流入的增幅大于 ITF 流出的增幅[图 6-3(d)和(f)]。而 La Niña 滞后 6~7 个月，流入和流出相关系数分别为 0.77 和 0.68[图 6-4(e)和(f)]。

下层和上层流量的相反变化能被认为是由罗斯贝波传播调制的[47]。对于 El Niño，向西传播的罗斯贝波抬升了温跃层的深度，从而增加了流入一侧的压力梯度，有利于下层 ITF 的流量增强。由此可见，在 10 月至翌年 2 月 ITF 流入和流出的下层流量均有增强趋势[图 6-3(g)和(i)]。La Niña 的情况正好相反。在这段时间内，ITF 下层呈下降趋势[图 6-3(h)和(j)]。注意，La Niña 与 ITF 流出滞后 6 个月，相关系数为-0.67[图 6-4(h)]。

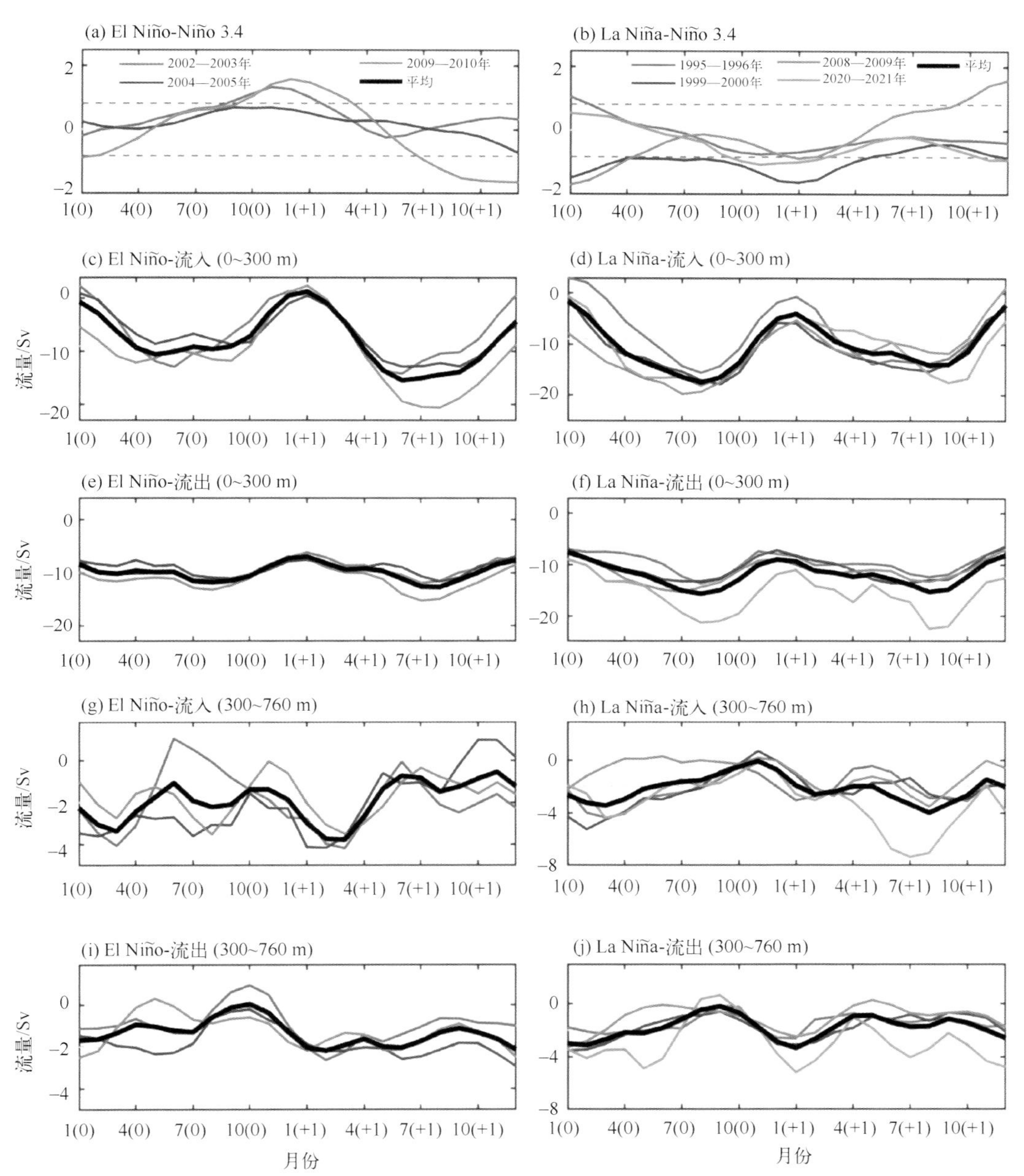

图 6-3　独立于 IOD 的 El Niño 和 La Niña 事件(a)-(b)Niño 3.4 指数和 ITF 流量在(c)-(d)流入(0~300 m)、(e)-(f)流出(0~300 m)、(g)-(h)流入(300~760 m)和(i)-(j)流出(300~760 m)中的变化

(a)、(c)、(e)、(g)、(i)中的红色、蓝色和品红实线分别表示 2002—2003 年、2004—2005 年和 2009—2010 年期间的变化。(b)、(d)、(f)、(h)、(j)中的红色、蓝色、品红和绿色实线分别表示 1995—1996 年、1999—2000 年、2008—2009 年和 2020—2021 年的变化。(a)-(b)中的蓝色虚线表示 Niño 3.4 指数的绝对值大于一个标准差。(c)-(j)中的黑色实线表示独立于 IOD 的 El Niño 和 La Niña 事件期间 ITF 流量的平均值。横坐标表示连续两年，其中(0)表示第一年，(+1)表示第二年。

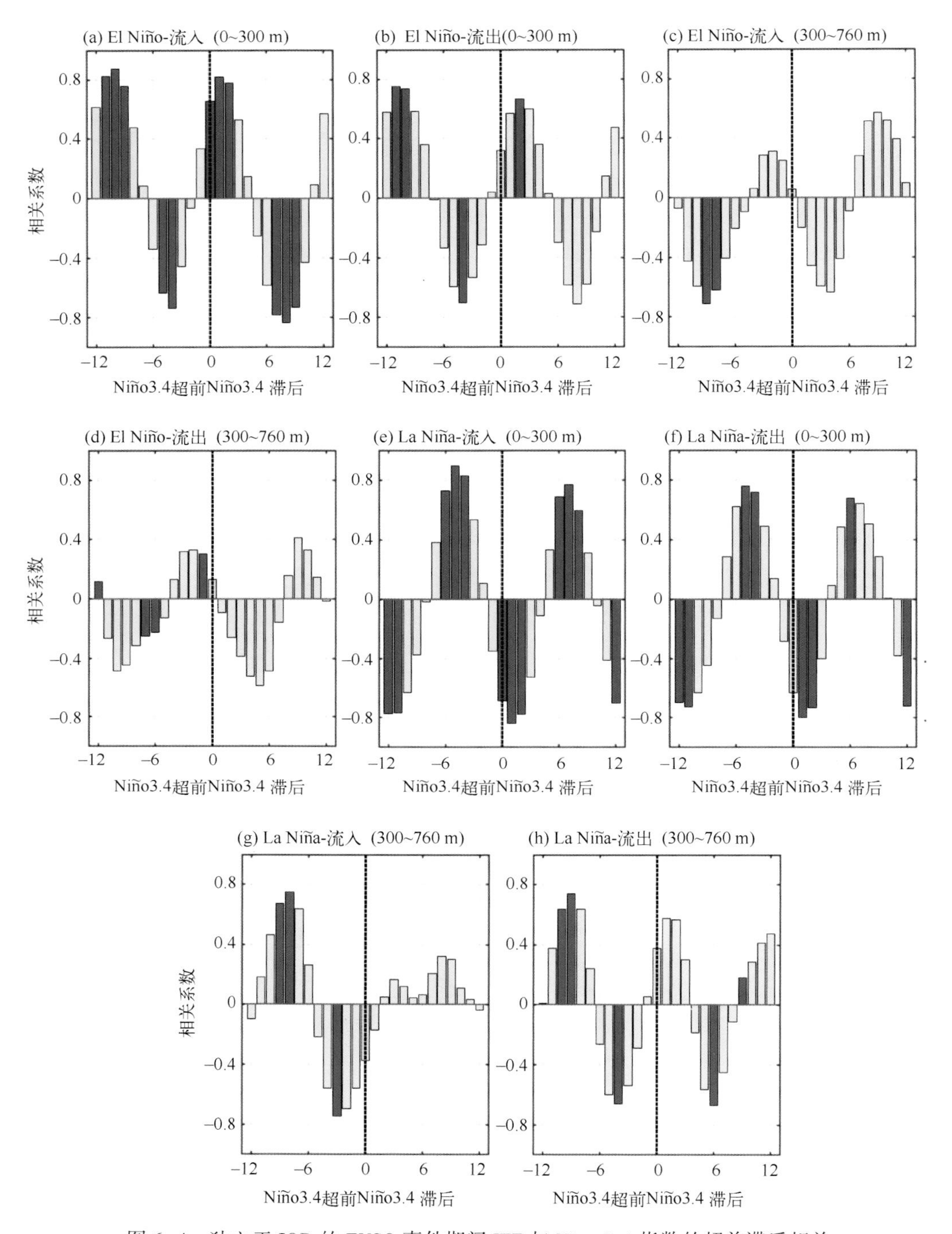

图 6-4 独立于 IOD 的 ENSO 事件期间 ITF 与 Niño 3.4 指数的超前滞后相关

(a)在独立于 IOD 的 El Niño 事件期间，ITF 流入上层(0~300 m)流量与 Niño 3.4 指数的超前滞后相关性。深蓝色条表示通过 95%显著性检验。(b)-(d)与(a)相同，但分别对于 ITF 流入下层(300~760 m)、流出上层(0~300 m)和流出下层(300~760 m)的流量。(e)-(h)与(a)-(d)相同，但对于独立于 IOD 的 La Niña 事件期间。

6.3.2 独立发生的 IOD 事件

独立于 ENSO 的 IOD 事件中，上层 ITF 的体积输送也受洋际间压力梯度的控制，而下层 ITF 主要受东向传播的开尔文波控制。独立于 ENSO 的正 IOD 事件期间[图 6-5(a)]，赤道东向风场异常驱动上升开尔文波向东传播，导致上层 SLA 下降，印度洋一侧温跃层抬升[15, 49]。这进一步导致 ITF 上层[图 6-5(c)和(e)]和下层[图 6-5(g)和(i)]流量的增加和减少。在上层，ITF 对正 IOD 的响应趋于及时[图 6-6(a)和(b)]。正 IOD 事件与 ITF 之间没有滞后。在下层，ITF 流出和流入流量分别超前正 IOD 0~1 个月和 3~4 个月[图 6-6(c)和(d)]。

对于负 IOD 事件则相反[58]。在这些事件中[图 6-5(b)]，1996 年的事件强于 2005 年。翌年 9 月至 4 月，ITF 上层[图 6-5(d)和(f)]和下层[图 6-5(h)和(j)]的变化相反，分别为减小和增大。ITF 流出比流入有更早的响应。在上(下)层，负 IOD 分别滞后于 ITF 流入和流出 4(5)和 3(3)个月[图 6-6(e)~(h)]。

6.4 气候事件耦合发生期间对印尼贯穿流的相对贡献

在分离了 ENSO 和 IOD 事件各自在 ITF 流量变化中的作用之后，本节将探讨它们同时发生时的相对贡献。

6.4.1 El Niño 和正 IOD 事件耦合发生

首先，通过 CCA 分析方法对 El Niño 和正 IOD 事件耦合期间对 ITF 流量变化的贡献进行解耦合量化(表 6-3)。

ENSO 对 ITF 流量变化的影响在 1997—1998 年最强。ENSO 和 IOD 对 ITF 上层流入的贡献率达到了 12∶1(表 6-3)，表明强 El Niño 事件主导了这一时期 ITF 的变化[图 6-7(c)和(d)]。同样，1994—1995 年[图 6-7(a)和(b)]、2006—2007 年[图 6-7(e)和(f)]、2015—2016 年[图 6-7(g)和(h)]和 2018—2019 年[图 6-7(i)和(j)]，ENSO 对 ITF 流量变化的贡献也更大。

总的来说，ENSO 和 IOD 对 ITF 流入和流出上层流量变化的贡献比值分别为 5.5∶1 和 3.5∶1。ENSO 和 IOD 对 ITF 流入和流出下层流量变化的贡献比例分别为 1.7∶1 和 1.6∶1。这一结果表示，ENSO 起着主导作用。相对于流出，ENSO 对流入一侧 ITF 上层流量变化的贡献更大。当 El Niño 和正 IOD 事件耦合发生时，正

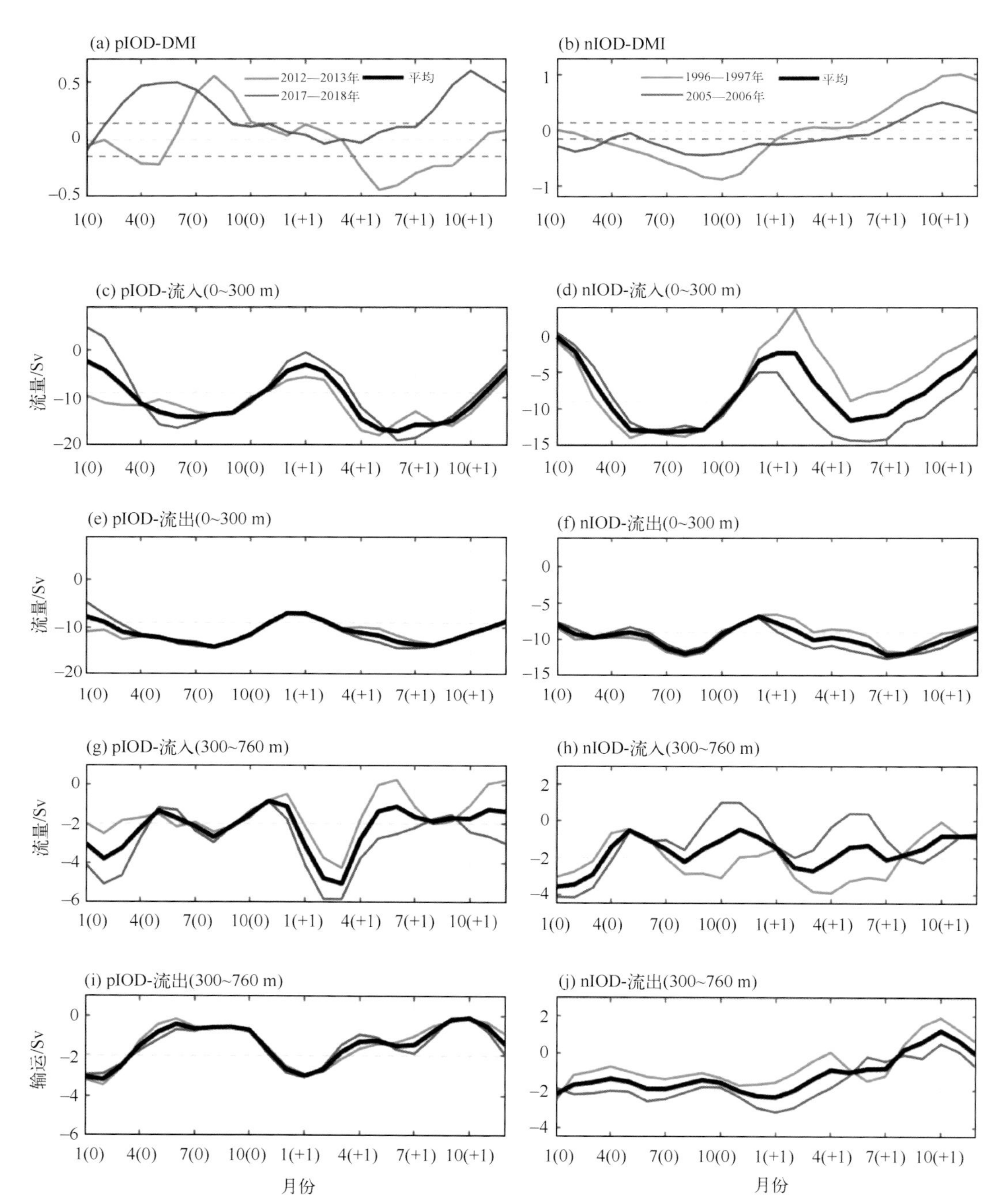

图 6-5　独立于 ENSO 的 IOD 事件(a)-(b) Niño 3.4 指数和 ITF 流量在(c)-(d)流入(0~300 m)、(e)-(f)流出(0~300 m)、(g)-(h)流入(300~760 m)和(i)-(j)流出(300~760 m)中的变化

(a)、(c)、(e)、(g)、(i)中的红色、蓝色和品红实线分别表示 2002—2003 年、2004—2005 年和 2009—2010 年期间的变化。(b)、(d)、(f)、(h)、(j)中的红色、蓝色、品红和绿色实线分别表示 1995—1996 年、1999—2000 年、2008—2009 年和 2020—2021 年的变化。(a)-(b)中的蓝色虚线表示 Niño 3.4 指数的绝对值大于一个标准差。(c)-(j)中的黑色实线表示独立于 ENSO 的正 IOD 和负 IOD 事件期间 ITF 流量的平均值。横坐标表示连续两年，其中(0)表示第一年，(+1)表示第二年。

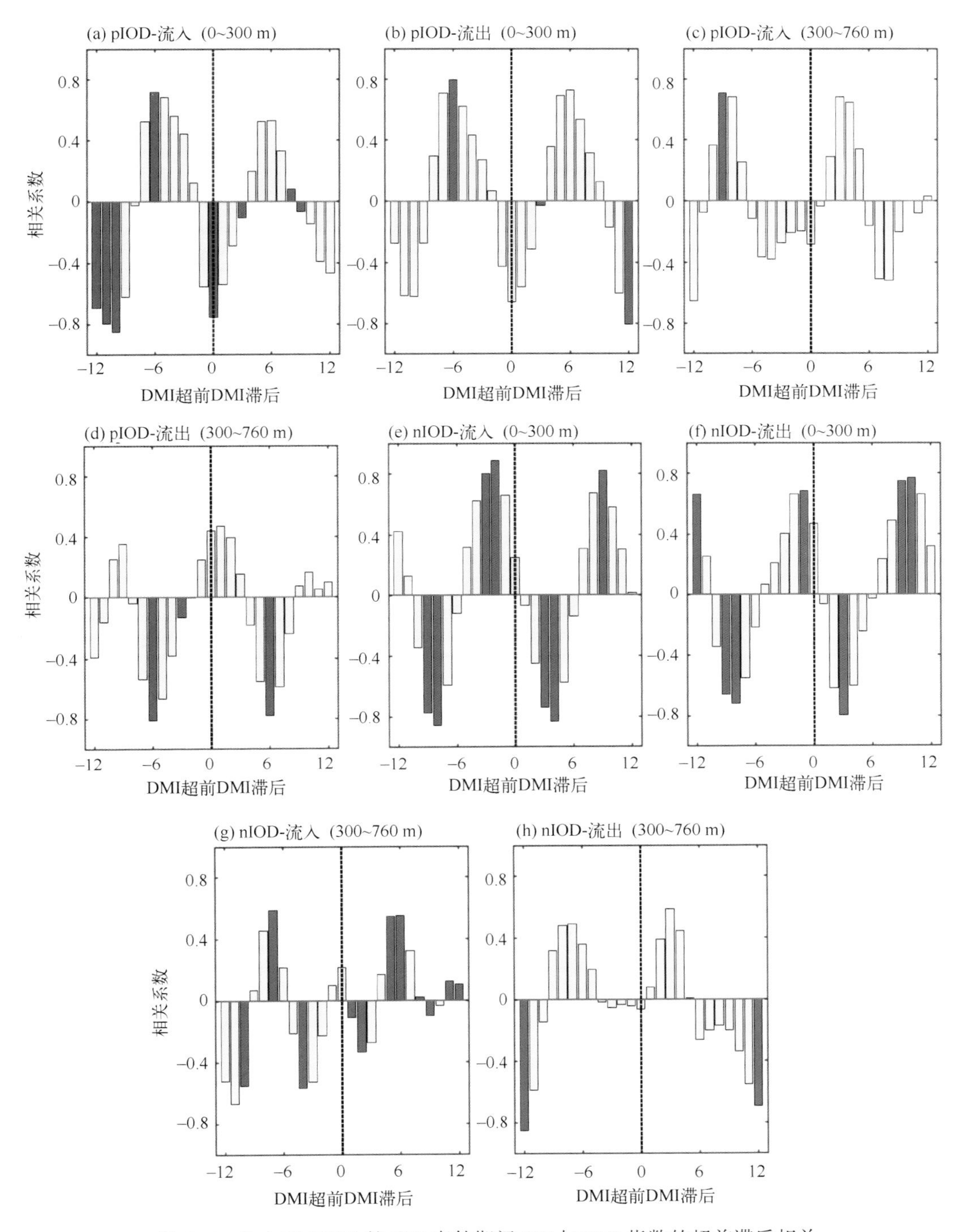

图 6-6 独立于 ENSO 的 IOD 事件期间 ITF 与 DMI 指数的超前滞后相关

(a)在独立于 ENSO 的正 IOD 事件期间，ITF 流入上层(0~300 m)流量与 DMI 指数的超前滞后相关性。深蓝色条表示通过 95%显著性检验。(b)-(d)与(a)相同，但分别对应于 ITF 流入下层(300~760 m)、流出上层(0~300 m)和流出下层(300~760 m)的流量。(e)-(h)与(a)-(d)相同，但对应于独立于 ENSO 的负 IOD 事件期间。

IOD 事件通常在北方秋季达到峰值，而对应的 El Niño 事件处于发展较强期，在北方冬季达到峰值(图 6-7)。同时，ITF 流量往往分别在上层和下层表现出减弱和增强的变化。

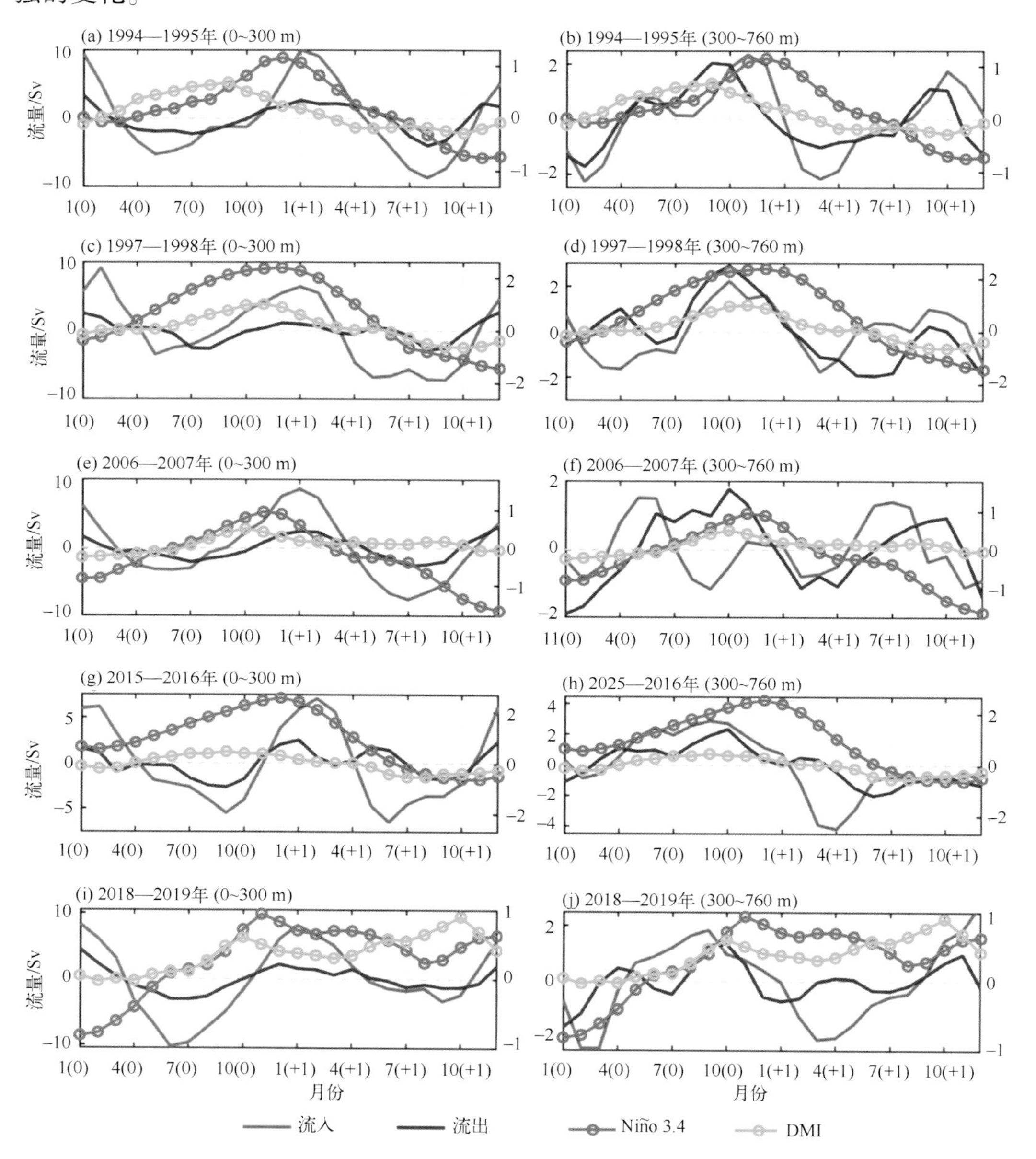

图 6-7　(a)1994—1995 年 El Niño 与正 IOD 事件共发生事件期间 ITF 上层(0~300 m)流量异常、Niño 3.4 和 DMI 指数的变化

(c)，(e)，(g)，(i)与(a)相同，但分别为 1997—1998 年、2006—2007 年、2015—2016 年和 2018—2019 年。(b)，(d)，(f)，(h)，(j)与(a)，(c)，(e)，(g)，(i)相同，但适用于 ITF 下层(300~760 m)。

表 6-3　通过 CCA 分析得出的不同 El Niño 与正 IOD 事件耦合期间 ENSO 与 IOD 的相对贡献及其比值

年份	通道	层次	ENSO(El Niño)	IOD(正 IOD)	贡献比例
1994—1995	流入	0~300 m	0.42	-0.16	2.6∶1
		300~760 m	1.17	-0.50	2.3∶1
	流出	0~300 m	0.58	0.16	3.6∶1
		300~760 m	1.22	-0.86	1.4∶1
1997—1998	流入	0~300 m	0.12	-0.01	12∶1
		300~760 m	1.42	-0.85	1.7∶1
	流出	0~300 m	0.51	0.27	1.9∶1
		300~760 m	0.25	-0.23	1.1∶1
2006—2007	流入	0~300 m	1.03	0.42	2.4∶1
		300~760 m	0.41	0.31	1.3∶1
	流出	0~300 m	0.60	0.34	1.8∶1
		300~760 m	1.36	-0.71	1.9∶1
2015—2016	流入	0~300 m	0.90	0.11	8.2∶1
		300~760 m	0.61	-0.38	1.6∶1
	流出	0~300 m	1.24	-0.22	5.6∶1
		300~760 m	0.72	-0.31	2.3∶1
2018—2019	流入	0~300 m	0.78	0.24	3.3∶1
		300~760 m	0.58	0.33	1.8∶1
	流出	0~300 m	0.90	0.19	4.7∶1
		300~760 m	0.78	0.56	1.4∶1
平均	流入	0~300 m	—	—	5.5∶1
		300~760 m	—	—	1.7∶1
	流出	0~300 m	—	—	3.5∶1
		300~760 m	—	—	1.6∶1

注：所有的回归系数均已通过95%显著性检验。

CCA 结果表明，在所有 El Niño 和正 IOD 事件耦合发生年份，ENSO 占主导地位。原因可以用太平洋和印度洋之间的压力梯度来解释。在独立于 IOD 的 El Niño 事件期间[图 6-8(a)]，NWP 与 SEI 之间的 SLA 差值为-0.11 m，说明上层的 ITF 输运减少。同时，向西传播的罗斯贝波通过抬升温跃层深度增强了太平洋和印度洋之间下层压力梯度，进一步增加了 ITF 下层输送[47]。对于独立于 ENSO 的正 IOD[图 6-8(b)]，NWP 和 SEI 均呈现正的 SLA，且 SLA 之差为 0.08 m，有利于在上层形成增强趋势。在下层，ITF 输送的减弱与上升流开尔文波向东传播密切相关[49]，它通过抬升印度洋一侧温跃层的深度，降低了太平洋和印度洋之间的下层压力梯度。

具体而言，1994—1995 年[图 6-8(c)]、1997—1998 年[图 6-8(d)]、2015—2016 年[图 6-8(f)]和 2018—2019 年[图 6-8(g)]分别出现了独立 ENSO 事件中太平洋和印度洋的 SLA 差异。NWP 与 SEI 对应的 SLA 差异分别为-0.04 m、-0.16 m、-0.23 m 和-0.14 m。值得注意的是，NWP 的 SLA 在 1997—1998 年达到最小值(-0.20 m)，这可能是其在 ITF 流入上层中 ENSO 和 IOD 贡献比最大(12∶1)的主要原因。2006—2007 年[图 6-8(e)]，NWP 与 SEI 的 SLA 差异为-0.01 m，相对低于其他事件(2.4∶1)。

6.4.2 La Niña 和负 IOD 事件耦合发生

与 ENSO 和 IOD 事件正异常同时出现相比，La Niña 和负 IOD 事件同时出现的结果则相反。当 La Niña 和负 IOD 事件同时出现时，所有气候事件都在北方夏季开始发展，而 La Niña 事件在北方秋季(2010—2011 年和 2016—2017 年)和北方冬季(1998—1999 年和 2021—2022 年)达到峰值，而负 IOD 事件通常在北方秋季达到峰值(图 6-9)。在上层和下层，ITF 流量分别减少和增加。

La Niña 和负 IOD 事件耦合发生期间，表明负 IOD 事件对 ITF 流量变化的影响更大(表 6-4)。ENSO 和 IOD 对 ITF 流入和流出上层输送的贡献比例分别为 1∶6 和 1∶6.5。在下层，ITF 流入和流出的 ENSO 和 IOD 的贡献比例分别为 1∶4 和 1∶3。可以发现，IOD 对 ITF 流出的影响大于流入。

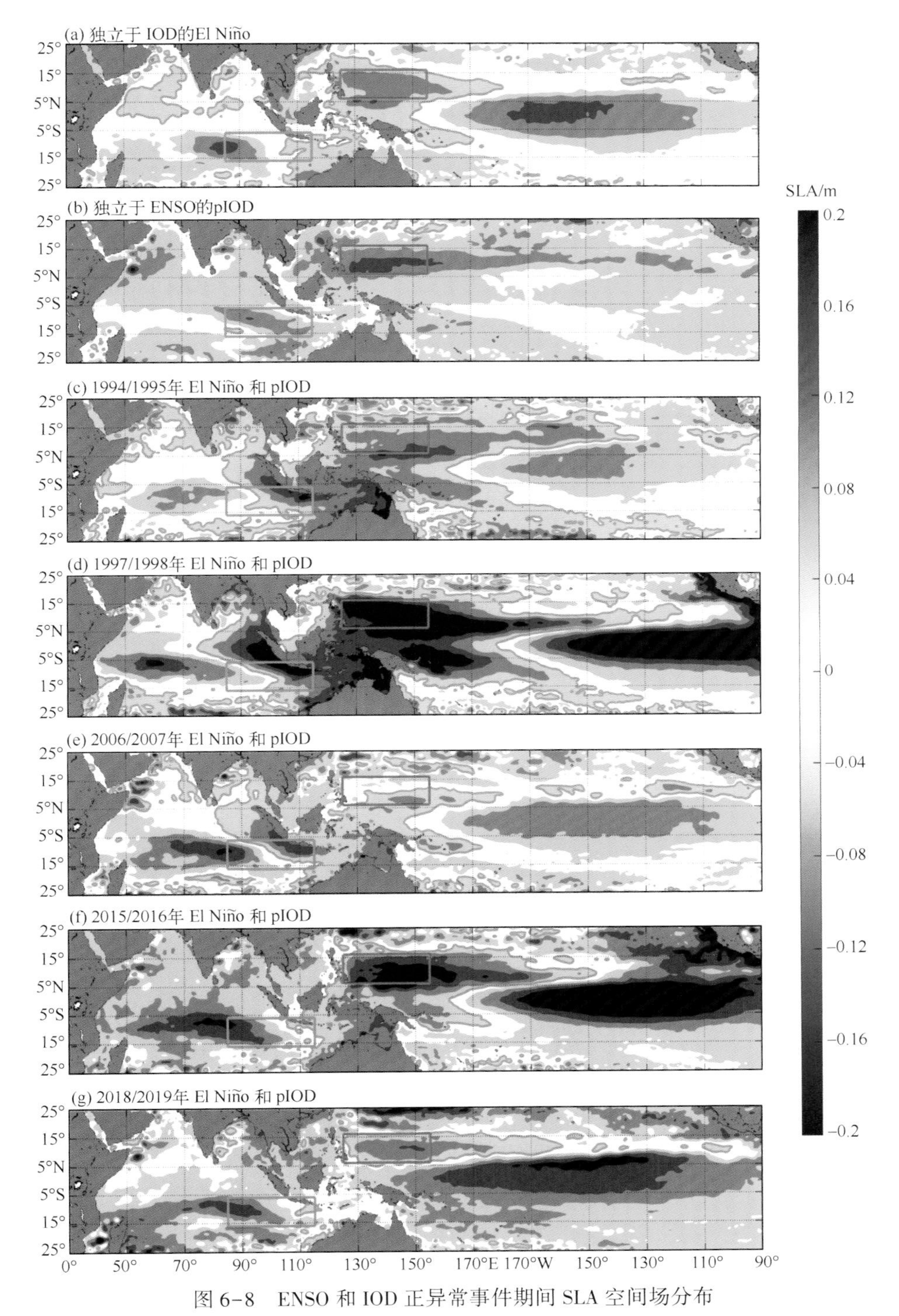

图 6-8　ENSO 和 IOD 正异常事件期间 SLA 空间场分布

(a)独立于 IOD 的 El Niño 和(b)独立于 ENSO 的正 IOD 事件的子模态；(c)1994—1995 年；(d)1997—1998 年；(e)2006—2007 年；(f)2015—2016 年和(g)2018—2019 年期间 El Niño 与正 IOD 事件耦合发生。SLA 单位为 m，灰色实线为 SLA 值为 0 的等高线。红色和绿色框分别代表 NWP 和 SEI 区域。

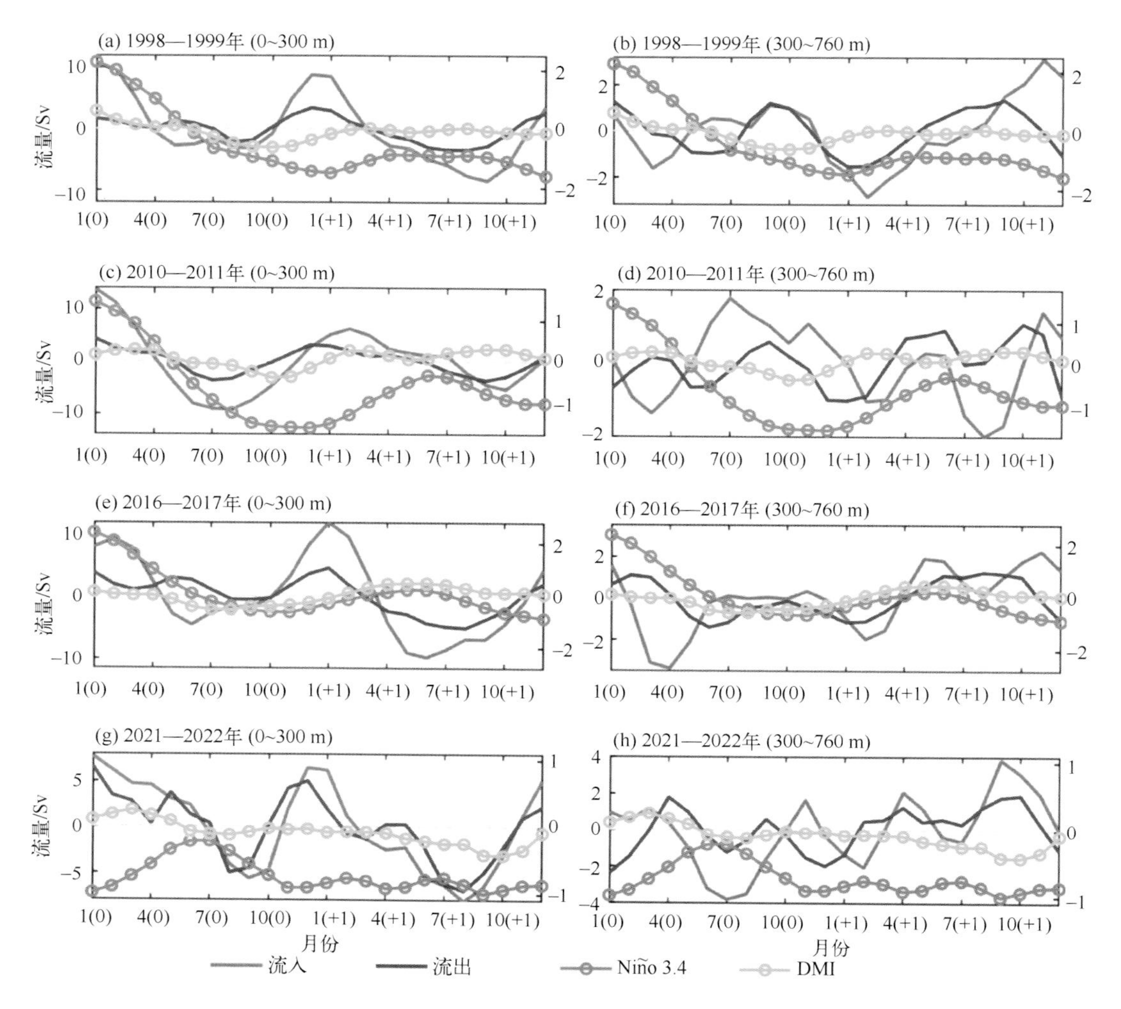

图 6-9　La Niña 和负 IOD 耦合事件期间 ITF 上层(0~300 m)

流量异常、Niño 3.4 和 DMI 指数的变化

(c)，(e)，(g)分别为 1998—1999 年、2010—2011 年、2016—2017 年和 2021—2022 年。

(b)，(d)，(f)，(h)与(a)，(c)，(e)，(g)相同，但对于 ITF 下层(300~760 m)。

其中，2016—2017 年较强的负 IOD 与较弱的 La Niña 事件共同发生。Pujiana 等认为该事件期间望加锡海峡上层 ITF 的急剧减少主要受到负 IOD 事件的影响[58]。CCA 分析结果表明在上层，ENSO 和 IOD 对 ITF 流入和流出的贡献比例分别为 1∶8.8 和 1∶8.3(表 6-4)。

表 6-4 通过 CCA 分析得出的不同 La Niña 与负 IOD 事件耦合发生期间 ENSO 与 IOD 的相对贡献及其比值

年份	通道	层次	ENSO(La Niña)	IOD(负 IOD)	贡献比例
1998—1999	流入	0~300 m	-0. 18	1. 02	1∶5. 6
		300~760 m	-1. 74	5. 13	1∶2. 9
	流出	0~300 m	0. 10	0. 82	1∶8. 2
		300~760 m	-0. 62	1. 52	1∶2. 5
2010—2011	流入	0~300 m	0. 28	1. 27	1∶4. 5
		300~760 m	0. 23	1. 17	1∶5
	流出	0~300 m	-0. 57	2. 40	1∶4. 2
		300~760 m	-0. 29	1. 17	1∶4
2016—2017	流入	0~300 m	-0. 30	2. 63	1∶8. 8
		300~760 m	0. 38	2. 28	1∶6
	流出	0~300 m	0. 09	1. 74	1∶8. 3
		300~760 m	0. 36	1. 07	1∶3
2021—2022	流入	0~300 m	0. 12	0. 64	1∶5. 3
		300~760 m	-0. 48	1. 63	1∶3. 4
	流出	0~300 m	0. 33	1. 70	1∶5. 2
		300~760 m	0. 68	2. 44	1∶3. 6
平均	流入	0~300 m	—	—	1∶6
		300~760 m	—	—	1∶4
	流出	0~300 m	—	—	1∶6. 5
		300~760 m	—	—	1∶3

注：所示的回归系数均通过 95%显著性检验。

在 La Niña 和负 IOD 耦合事件中，IOD 对出流的影响更大。这种变化的机制也可以用 NWP 和 SEI 之间的 SLA 差异来解释。对于独立的 La Niña 和负 IOD 事件，NWP 和 SEI 的 SLA 差异分别为 0. 04 和-0. 02[图 6-10(a)和(b)]。当 La Niña 和负 IOD 事件同时发生时，1998—1999 年[图 6-10(c)]、2010—2011 年[图 6-10(d)]、2016—2017 年[图 6-10(e)]和 2021—2022 年[图 6-10(f)]，NWP 和 SEI 之间的 SLA 差异分别为 0. 07 m、0. 05 m、-0. 03 m 和-0. 02 m。这种差异反映在 La Niña 和负 IOD 事件强度的变化上。尽管代表太平洋和印度洋两大洋典型区域的 SLA 不同，但相应时期的 ITF 流量变化反映出与独立于 ENSO 的负 IOD 事件更接近。上层和下层分别呈明显的减少和增加趋势。2016—2017 年，IOD 和 ENSO 的贡献比达到了 8∶1 以上，这进一步证实了负 IOD 事件比 La Niña 事件的贡献更大[58]。

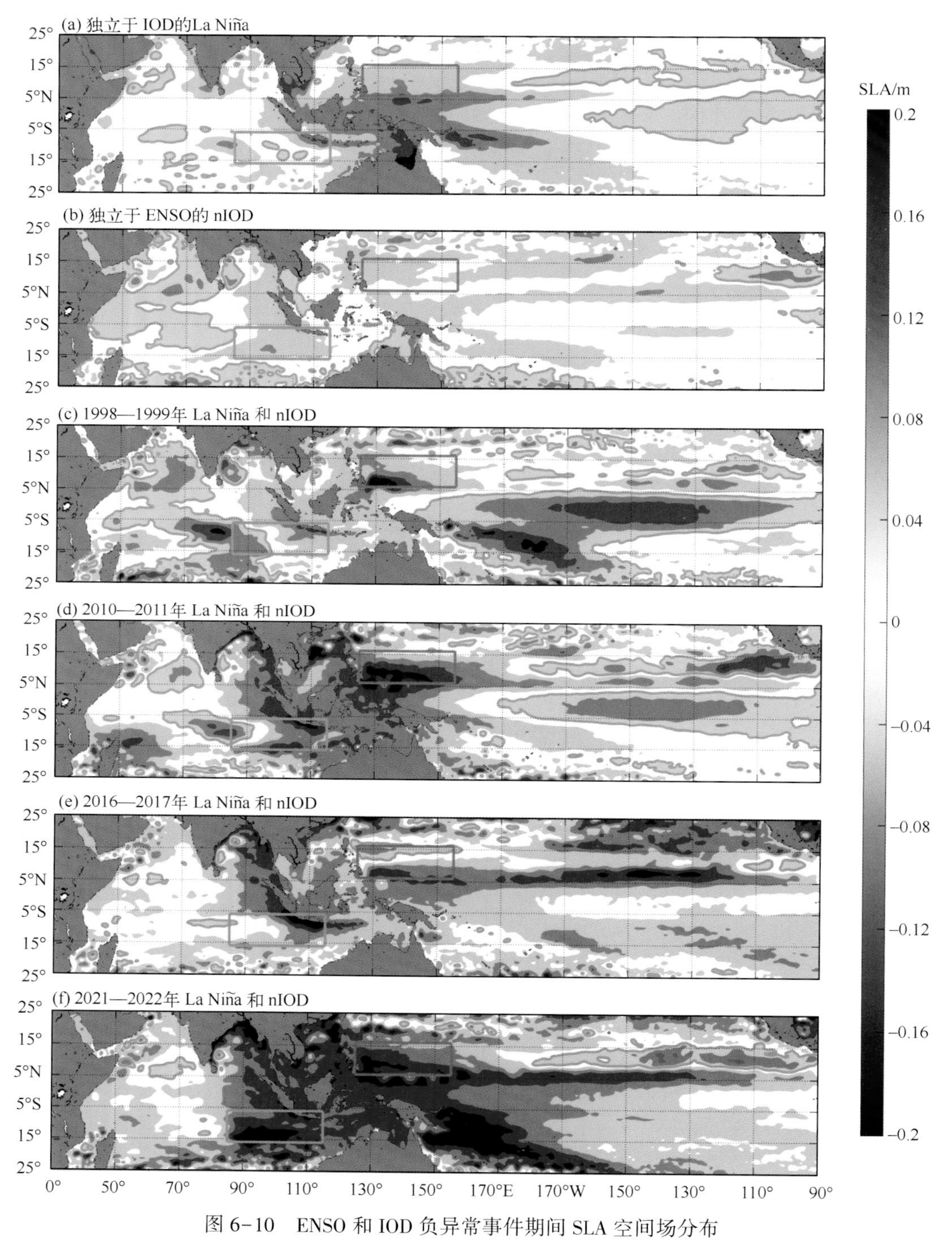

图 6-10　ENSO 和 IOD 负异常事件期间 SLA 空间场分布

(a)独立于 IOD 的 La Niña 和(b)独立于 ENSO 的负 IOD 事件的子模态。(c)1998—1999 年、(d)2010—2011 年、(e)2016—2017 年和(f)2021—2022 年 La Niña 与负 IOD 事件耦合期间。

6.5　小结

利用改进的 CCA 分析方法和 4 种独立的再分析数据集，揭示了气候事件耦合发生时 ENSO 和 IOD 两个气候模态对 ITF 体积输送的调节作用。

首先确定了 ENSO 和 IOD 的子模态及其对 ITF 流量变化的影响。当 ENSO 子模态发生时，它对 ITF 流入的影响大于流出的影响。当 IOD 子模式发生时及其对 ITF 流量变化的影响，正 IOD 事件期间，ITF 上层对其响应无超前滞后；在负 IOD 事件中，ITF 流出比流入对其有更早、更强的响应。

CCA 结果表明，ITF 流量对 ENSO-IOD 事件具有不对称响应。在 El Niño 与正 IOD 事件耦合发生时，ENSO 主导了 ITF 的流量变化，且 ENSO 对流入的作用大于对流出的作用。NWP 和 SEI 之间巨大的 SLA 差异主导了 El Niño 事件引起的 ITF 上层流量的变化。在下层，向西传播的罗斯贝波起到了抬升太平洋一侧温跃层深度的作用，进一步增加了 ITF 下层的流量。在典型的 1997—1998 年事件中，ITF 上层流入 ENSO 和 IOD 的贡献比达到 12∶1。当 La Niña 和负 IOD 事件耦合发生时，IOD 主导了 ITF 的流量变化，且对出流有更大的影响。在典型的 2016—2017 年事件中，ITF 流出上层 IOD 和 ENSO 的贡献比达到了 8∶1 以上。

ENSO 和 IOD 气候模态对 ITF 流量的影响通常是非线性和复杂的[29, 60]，并且这些贡献很难量化。而本章所提出的改进的 CCA 分析方法可以解决这一问题。这种利用历史事件子模式对目标在多重因素的非线性作用过程下进行解耦和量化的思想，为归因量化 ENSO 和 IOD 对 ITF 流量的影响提供了新的见解。

参考文献

[1] GORDON A L, SPRINTALL J, VAN AKEN H M, et al. The Indonesian throughflow during 2004—2006 as observed by the INSTANT program [J]. Dynamics of Atmospheres and Oceans, 2010, 50(2): 115-128.

[2] 刘钦燕, 王东晓, 谢强, 等. 印尼贯穿流与南海贯穿流的年代际变化特征及机制 [J]. 热带海洋学报, 2007(06): 1-6.

[3] 李淑江, 徐腾飞, 孙俊川, 等. 卡里马塔海峡贯穿流与印尼贯穿流的相互作用 [J]. 海洋科学进展, 2021, 39(2): 197-209.

[4] SPRINTALL J, GORDON A L, WIJFFELS S E, et al. Detecting change in the Indonesian seas [J]. Frontiers in Marine Science, 2019, 6: 257.

[5] LIU Q Y, FENG M, WANG D, et al. Interannual variability of the I ndonesian T hroughflow transport: A revisit based on 30 year expendable bathythermograph data [J]. Journal of Geophysical Research: Oceans, 2015, 120(12): 8270-8282.

[6] WIJFFELS S, MEYERS G. An intersection of oceanic waveguides: Variability in the Indonesian Throughflow region [J]. Journal of Physical Oceanography, 2004, 34(5): 1232-1253.

[7] MURTUGUDDE R, BUSALACCHI A J, BEAUCHAMP. Seasonal-to-interannual effects of the Indonesian throughflow on the tropical Indo-Pacific Basin [J]. Journal of Geophysical Research: Oceans, 1998, 103 (C10): 21425-21441.

[8] MASUMOTO Y. Effects of interannual variability in the eastern Indian Ocean on the Indonesian Throughflow [J]. Journal of Oceanography, 2002, 58: 175-182.

[9] GORDON A L, NAPITU A, HUBER B A, et al. Makassar Strait throughflow seasonal and interannual variability: An overview [J]. Journal of Geophysical Research: Oceans, 2019, 124(6): 3724-3736.

[10] DU Y, QU T. Three inflow pathways of the Indonesian throughflow as seen from the simple ocean data assimilation [J]. Dynamics of Atmospheres and Oceans, 2010, 50(2): 233-256.

[11] ZHUANG Y, FU R, SANTER B D, et al. Quantifying contributions of natural variability and anthropogenic forcings on increased fire weather risk over the western United States [J]. Proceedings of the National Academy of Sciences of the United States of America, 2021, 118(45): e2111875118.

[12] ZHANG T, WANG W, XIE Q, et al. Heat contribution of the Indonesian throughflow to the Indian

Ocean [J]. Acta Oceanologica Sinica, 2019, 38: 72-79.

[13] LI M, GORDON A L, GRUENBURG L K, et al. Interannual to decadal response of the Indonesian throughflow vertical profile to Indo-Pacific forcing [J]. Geophysical Research Letters, 2020, 47 (11): e2020GL087679.

[14] LI A, ZHANG Y, HONG M, et al. Relative importance of ENSO and IOD on interannual variability of Indonesian Throughflow transport [J]. Frontiers in Marine Science, 2023, 10: 1182255.

[15] ZHU Q, WANG C. Contributions of Indo-Pacific Forcings to Interannual Variability of the Indonesian Throughflow in the Upper and Lower Layers [J]. Journal of Geophysical Research-Oceans, 2024, 129 (1).

[16] YEH S W, KUG J S, DEWITTE B, et al. El Niño in a changing climate [J]. Nature Reviews Earth & Environment, 2009, 461(7263): 511-514.

[17] YU J Y, ZOU Y, KIM S T, et al. The changing impact of El Niño on US winter temperatures [J]. Geophysical Research Letters, 2012, 39(15).

[18] TOKINAGA H, XIE S P, TIMMERMANN A, et al. Regional patterns of tropical Indo-Pacific climate change: Evidence of the Walker circulation weakening [J]. Journal of Climate, 2012, 25(5): 1689-16710.

[19] BEHERA S K, LUO J J, YAMAGATA T. Unusual IOD event of 2007 [J]. Geophysical Research Letters, 2008, 35(14).

[20] POLONSKY A, TORBINSKY A. The IOD-ENSO interaction: The role of the Indian Ocean current's system [J]. Atmosphere, 2021, 12(12): 1662.

[21] WEI L, ZHAOXIN L, HAILONG L. ITF in a coupled GCM and its interannual variability related to ENSO and IOD [J]. Acta Oceanologica Sinica, 2006(1): 32-47.

[22] SUSANTO R D, FFIELD A, GORDON A L, et al. Variability of Indonesian throughflow within Makassar Strait, 2004-2009 [J]. Journal of Geophysical Research: Oceans, 2012, 117(C9).

[23] GORDON A, SUSANTO R, FFIELD A, et al. Makassar Strait throughflow, 2004 to 2006 [J]. Geophysical Research Letters, 2008, 35(24).

[24] SPRINTALL J, WIJFFELS S E, MOLCARD R, et al. Direct estimates of the Indonesian Throughflow entering the Indian Ocean: 2004-2006 [J]. Journal of Geophysical Research: Oceans, 2009, 114 (C7).

[25] POTEMRA J T. Indonesian Throughflow transport variability estimated from satellite altimetry [J]. Oceanography, 2005, 18(4): 98-107.

[26] GUO Y, LI Y, YANG D, et al. Water sources of the Lombok, Ombai and Timor outflows of the Indonesian throughflow [J]. Frontiers in Marine Science, Frontiers in Marine Science, 2023, 10.

[27] METZGER E J, HURLBURT H, XU X, et al. Simulated and observed circulation in the Indonesian

Seas: 1/12 global HYCOM and the INSTANT observations [J]. Dynamics of Atmospheres and Oceans, 2010, 50(2): 275-300.

[28] LI A, ZHANG Y, HONG M, et al. Spatial-temporal characteristics of temperature in Indonesian Sea based on a high-resolution reanalysis data [J]. Journal of Physics: Conference Series, 2024, 2718(1).

[29] LI A, ZHANG Y, HONG M. Long-term thermohaline trends in the Sulawesi Sea based on a high-resolution reanalysis data [J]. Journal of Physics: Conference Series, 2023, 2486(1).

[30] XU T, WEI Z, ZHAO H, et al. Simulated Indonesian Throughflow in Makassar Strait across the SODA3 products [J]. Acta Oceanologica Sinica, 2024, 43(1): 80-98.

[31] GORDON A L, SUSANTO R D. Makassar Strait transport: Initial estimate based on Arlindo results [J]. Marine Technology Society Journal, 1998, 32(4): 34-45.

[32] YUAN D, YIN X, LI X, et al. A Maluku Sea intermediate western boundary current connecting Pacific Ocean circulation to the Indonesian Throughflow [J]. Nature Communications, 2022, 13(1).

[33] LIANG L, XUE H. The Reversal Indian Ocean Waters [J]. Geophysical Research Letters, 2020, 47(14).

[34] ATMADIPOERA A, MOLCARD R, MADEC G, et al. Characteristics and variability of the Indonesian throughflow water at the outflow straits [J]. Deep-Sea Research Part I-Oceanographic Research Papers, 2009, 56(11): 1942-1954.

[35] YONG-GANG W, GUO-HONG F, ZE-XUN W, et al. Seasonal variability of the Indonesian throughflow from a variable-grid global ocean model [J]. Journal of Hydrodynamics, 2004.

[36] POTEMRA J T, SCHNEIDER N. Interannual variations of the Indonesian throughflow [J]. Journal of Geophysical Research: Oceans, 2007, 112(C5).

[37] WATTIMENA M, ATMADIPOERA A, PURBA M, et al. Indonesian throughflow (ITF) variability in Halmahera Sea and its coherency with New Guinea Coastal current; proceedings of the IOP Conference Series: Earth and Environmental Science, F, 2018 [C]. IOP Publishing.

[38] KASHINO Y, ATMADIPOERA A, KURODA Y, et al. Observed features of the Halmahera and Mindanao Eddies [J]. Journal of Geophysical Research: Oceans, 2013, 118(12): 6543-6560.

[39] ANDERSON W K, THOMAS J L, VAN LEER B. Comparison of finite volume flux vector splittings for the Euler equations [J]. AIAA Journal, 1986, 24(9): 1453-1460.

[40] WIJFFELS S E, MEYERS G, GODFREY J S. A 20-yr average of the Indonesian Throughflow: Regional currents and the interbasin exchange [J]. Journal of Physical Oceanography, 2008, 38(9): 1965-1978.

[41] WYRTKI K. Indonesian through flow and the associated pressure gradient [J]. Journal of Geophysical Research: Oceans, 1987, 92(C12): 12941-12946.

[42] WENG H, ASHOK K, BEHERA S K, et al. Impacts of recent El Niño Modoki on dry/wet conditions in

the Pacific rim during boreal summer [J]. Climate Dynamics, 2007, 29(2-3): 113-129.

[43] WEBSTER P J, MOORE A M, LOSCHNIGG J P, et al. Coupled ocean-atmosphere dynamics in the Indian Ocean during 1997-98 [J]. Nature, 1999, 401(6751): 356-360.

[44] VRANES K, GORDON A L, FFIELD A. The heat transport of the Indonesian Throughflow and implications for the Indian Ocean heat budget [J]. Journal of Geophysical Research-Oceans, Deep-Sea Research Part II, 2002, 49(7-8): 1391-1410.

[45] MEYERS G J. Variation of Indonesian throughflow and the El Niño-southern oscillation [J]. Journal of Geophysical Research: Oceans, 1996, 101(C5): 12255-12263.

[46] SPRINTALL J, GORDON A L, MURTUGUDDE R, et al. A semiannual Indian Ocean forced Kelvin wave observed in the Indonesian seas in May 1997 [J]. Journal of Geophysical Research: Oceans, 2000, 105(C7): 17217-17230.

[47] SPRINTALL J, RéVELARD A. The Indonesian throughflow response to Indo-Pacific climate variability [J]. Journal of Geophysical Research: Oceans, 2014, 119(2): 1161-1175.

[48] HU S, SPRINTALL J. Interannual variability of the Indonesian Throughflow: The salinity effect [J]. Journal of Geophysical Research: Oceans, 2016, 121(4): 2596-2615.

[49] YUAN D, WANG J, XU T, et al. Forcing of the Indian Ocean dipole on the interannual variations of the tropical Pacific Ocean: roles of the Indonesian throughflow [J]. Journal of Climate, 2011, 24(14): 3593-3608.

[50] CAI W, SULLIVAN A, COWAN T. Interactions of ENSO, the IOD, and the SAM in CMIP3 models [J]. Journal of Climate, 2011, 24(6): 1688-1704.

[51] SCHNEIDER N. The Indonesian Throughflow and the global climate system [J]. Journal of Climate, 1998, 11(4): 676-689.

[52] YAMAGATA T, BEHERA S K, LUO J J, et al. Coupled ocean-atmosphere variability in the tropical Indian Ocean [J]. Journal of Climate, 2004, 147: 189-212.

[53] SAJI N, YAMAGATA T. Possible impacts of Indian Ocean dipole mode events on global climate [J]. Climate Research, 2003, 25(2): 151-169.

[54] FENG P, WANG B, MACADAM I, et al. Increasing dominance of Indian Ocean variability impacts Australian wheat yields [J]. Nature Food, 2022, 3(10): 862-870.

[55] HEUNG B, BULMER C E, SCHMIDT M G J G. Predictive soil parent material mapping at a regional-scale: A Random Forest approach [J]. Geoderma, 2014, 214: 141-154.

[56] SHILIMKAR V, ABE H, ROXY M K, et al. Projected future changes in the contribution of Indo-Pacific sea surface height variability to the Indonesian throughflow [J]. Journal of Oceanography, 2022, 78(5): 337-352.

[57] CHANDRA S, ZIEMKE J, MIN W, et al. Effects of 1997-1998 El Nino on tropospheric ozone and

water vapor [J]. Geophysical Reserch Letters, 1998, 25(20): 3867-3870.

[58] PUJIANA K, MCPHADEN M J, GORDON A L, et al. Unprecedented response of Indonesian throughflow to anomalous Indo-Pacific climatic forcing in 2016 [J]. Journal of Geophysical Research: Oceans, 2019, 124(6): 3737-3754.

[59] MCCLEAN J L, IVANOVA D P, SPRINTALL J. Remote origins of interannual variability in the Indonesian Throughflow region from data and a global Parallel Ocean Program simulation [J]. Journal of Geophysical Research: Oceans, 2005, 110(C10).

[60] WANG J, ZHANG Z, LI X, et al. Moored Observations of the Timor Passage Currents in the Indonesian Seas [J]. Journal of Geophysical Research: Oceans, 2022, 127(11): e2022JC018694.

[61] MASUMOTO Y, SASAKI H, KAGIMOTO T, et al. A fifty-year eddy-resolving simulation of the world ocean: Preliminary outcomes of OFES (OGCM for the Earth Simulator) [J]. Journal of the Earth Simulator, 2004, 1: 35-56.

[62] MOLCARD R, FIEUX M, SYAMSUDIN F. The throughflow within Ombai Strait [J]. Deep-Sea Research Part I, 2001, 48(5): 1237-1253.

[63] MOLCARD R, FIEUX M, ILAHUDE A . The Indo-Pacific throughflow in the Timor Passage [J]. Journal of Geophysical Research: Oceans, 1996, 101(C5): 12411-12420.

[64] CHU P C. P-vector method for determining absolute velocity from hydrographic data [J]. Marine Technology Society Journal, 1995.

[65] HAO Z, XU Z, FENG M, et al. Dynamics of Interannual Eddy Kinetic Energy Variability in the Sulawesi Sea Revealed by OFAM3 [J]. Journal of Geophysical Research: Oceans, 2022, 127(8): e2022JC018815.

[66] PEÑA-MOLINO B, SLOYAN B M, NIKURASHIN M, et al. Revisiting the seasonal cycle of the Timor throughflow: impacts of winds, waves and eddies [J]. Journal of Geophysical Research: Oceans, 2022, 127(4): e2021JC018133.

[67] SAJI N, GOSWAMI B N, VINAYACHANDRAN P, et al. A dipole mode in the tropical Indian Ocean [J]. Nature, 1999, 401(6751): 360-363.

[68] YUAN D, YIN X, LI X, et al. A Maluku Sea intermediate western boundary current connecting Pacific Ocean circulation to the Indonesian Throughflow [J]. Nature Communications, 2022, 13(1): 2093.

[69] GODFREY J. The effect of the Indonesian throughflow on ocean circulation and heat exchange with the atmosphere: A review [J]. Journal of Geophysical Research: Oceans, 1996, 101(C5): 12217-12237.

[70] HU S, ZHANG Y, FENG M, et al. Interannual to decadal variability of upper-ocean salinity in the southern Indian Ocean and the role of the Indonesian throughflow [J]. Journal of Climate, 2019, 32(19): 6403-6421.

[71] GORDON A L. Interocean exchange of thermocline water [J]. Journal of Geophysical Research:

Oceans, 1986, 91(C4): 5037-5046.

[72] FENG M, MEYERS G, WIJFFELS S. Interannual upper ocean variability in the tropical Indian Ocean [J]. Geophysical Research Letters, 2001, 28(21): 4151-4154.

[73] BALMASEDA M A, HERNANDEZ F, STORTO A, et al. The Ocean Reanalyses Intercomparison Project (ORA-IP) [J]. Journal of Operational Oceanography, 2015, 8: S80-S97.

[74] LIU Q Y, FENG M, WANG D, et al. Interannual variability of the Indonesian Throughflow transport: A revisit based on 30 year expendable bathythermograph data [J]. Journal of Geophysical Research-Oceans, 2015, 120(12): 8270-8282.

[75] DU Y, CAI W, WU Y. A new type of the Indian Ocean Dipole since the mid-1970s [J]. Journal of Climate, 2013, 26(3): 959-972.